数学フリーの有機化学

齋藤勝裕 —— 著

日刊工業新聞社

はじめに

　『数学フリーの化学』シリーズ第三弾の『数学フリーの有機化学』をお届けします。

　本シリーズはその標題のとおり『数学フリー』すなわち、数学を用いない、数学が出てこない化学の解説書です。化学は科学の一種です。科学の共通言語は数学です。科学では複雑な現象の解析、その結果の記述を数学、数式を用いて行います。化学も同様です。

　しかし、化学には化学独特の解析、表現手段があります。それが化学式です。化学式とそれを解説する文章があれば、数式を用いた解説と同等の内容を表現することができます。本書にこのような化学の特殊性を最大限に生かして、数学なしで化学の全てを解説しようとする画期的な本です。

　『有機化学』はもともと数学とは無縁の分野であり、ことさらに仰々しく「数学フリー」などと強調することもあるまい、とお思いになる方もいるでしょう。確かにそうかもしれません。高校の化学教科書の「有機化学」の部分を開いてみると、およそ数学といえるような数式はもちろん、数学的な記述もありません。出てくるのはメタンやベンゼンなどの化学式、構造式、それを用いた反応式ばかりです。

　しかしそれは、高校化学教科書全体の1/4ほどしかない限られた分野に、膨大な量の「有機化学」の全貌を押し込めようとした結果に過ぎません。有機化学は広大な範囲と膨大な知見を持った、化学における最大分野の領域といってよい分野です。この分野には有機物理化学、有機光化学、有機不安定中間体化学、有機超分子化学、有機超伝導体化学、有機磁性体化学など、現代化学の最先端をいく分野が目白押しです。

　このような最先端の分野を研究するのには数学なしでは務まりません。特に有機化合物の結合、構造、物性、反応性の理解には量子化学に基づいた分子軌道法の知見なしに研究することはできません。それはエンジンのない船で太平洋に船出するようなものです。

　本書は「高校化学の有機化学」を「無難になぞる」ことを目的としたものではありません。もちろん、高校化学を復習することから始めますが、行き着く先は現代化学の最先端の紹介と理解です。そのためには本来ならば、高等数学に裏打ちされた分子軌道法の知識がないと困難です。本書の標題を『数学フリーの有機化学』と

したのは、数学の助けを借りることなしにこのような最先端有機化学までをも紹介した、ということを強調したいためなのです。

　本書を読むのに基礎知識は一切必要ありません。必要なことは全て本書の中に書いてあります。みなさんは本書に導かれるままに読み進んでください。ご自分で気づかないうちにモノスゴイ知識が溜まってくるはずです。そしてきっと「有機化学は面白い」と思われるでしょう。それこそが、著者の望外な喜びです。

　最後に本書の作製に並々ならぬ努力を払って下さった日刊工業新聞社の鈴木徹氏、並びに参考にさせて頂いた書籍の出版社、著者に感謝申し上げます。

　　　　　　　　　　　　　　　　　　　　　　　2016年10月　齋藤　勝裕

数学フリーの「有機化学」 目次

はじめに

第1章 炭素原子の構造と性質 001

- **1-1** 原子の構造 002
- **1-2** 原子量と分子量 004
- **1-3** 原子の電子構造 006
- **1-4** 電子殻と軌道のエネルギー 008
- **1-5** 電子配置 010
- **1-6** 周期表 012

第2章 有機化合物を作る結合 015

- **2-1** 共有結合 016
- **2-2** σ結合とπ結合 018
- **2-3** 混成軌道 020
- **2-4** 炭素原子の作る結合-① 022
- **2-5** 炭素原子の作る結合-② 024
- **コラム** アセチレン 024
- **2-6** 共役二重結合 026
- **2-7** ヘテロ原子との結合 028

第3章 有機化合物の構造と命名法 031

- **3-1** 有機化合物の種類 032
- **3-2** 構造式の表現 034

- **3-3** 異性体　036
- **3-4** 有機化合物の命名法　038
- **3-5** アルカンの命名法　040
- **3-6** アルケン、アルキンの命名法　042

第4章　官能基と有機化合物の種類　045

- **4-1** 置換基　046
- **4-2** 置換基の種類　048
- **4-3** アルコール、エーテルの種類と性質　050
- 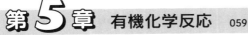 お酒とアルコール　051
- **4-4** ケトン、アルデヒドの種類と性質　052
- **4-5** カルボン酸の種類と性質　054
- **4-6** 窒素を含む化合物の種類と性質　056

第5章　有機化学反応　059

- **5-1** 反応の種類　060
- **5-2** 反応速度　062
- **5-3** 反応エネルギー　064
- **5-4** 遷移状態と活性化エネルギー　066
- **5-5** 逐次反応の反応速度　068
- **5-6** 酸・塩基　070
- **5-7** 酸化・還元　072

第6章　飽和化合物の性質と反応　075

- **6-1** 光学異性体　076
- **6-2** 光学異性体の光学的性質と生理学的性質　078
- **6-3** 一分子求核置換反応：S_N1反応　080
- **6-4** 二分子求核置換反応：S_N2反応　082
- **6-5** 脱離反応　084

第7章 不飽和化合物の性質と反応 087

- **7-1** シス付加反応 088
- **7-2** トランス付加反応 090
- **7-3** 環状付加反応 092
- **コラム** 合成反応 092
- **7-4** 酸化・還元反応 094
- **7-5** 互変異性 096

第8章 芳香族化合物の性質と反応 099

- **8-1** 芳香族化合物の反応性 100
- **8-2** 芳香族置換反応 102
- **8-3** 芳香族置換反応の種類 104
- **8-4** 芳香族置換反応の配向性 106
- **8-5** 配向性の原因 108

第9章 官能基の性質と反応 111

- **9-1** エステル化反応 112
- **9-2** エステル化反応機構の解明 114
- **9-3** アミド化反応とエーテル化反応 116
- **9-4** 置換基の変化する反応-① 118
- **9-5** 置換基の変化する反応-② 120

第10章 有機化合物の先端技術 123

- **10-1** 分子間結合 124
- **10-2** 超分子 126
- **10-3** 一分子機械 128
- **10-4** 液晶 130
- **10-5** 液晶モニタの原理 132

10-6 有機 EL 134

10-7 有機太陽電池 136

第1章
炭素原子の構造と性質

有機分子は炭素原子、水素原子、酸素原子などの原子からできています。そのため、原子の構造と性質を知ることは、有機化学の基礎となります。

原子の構造

私たちが実感できる宇宙は物質からできています。物質の多くは分子の集合体であり、全ての分子は原子からできています。つまり、私たちが実感できる宇宙は原子からできているのです。

◨ 電子雲と原子核

それでは原子とはどのようなものでしょうか？原子は雲でできた球のようなものです。球に見えるのは電子雲であり、複数個の電子からできています。そして電子雲の中心には原子核という高密度の小さな粒子が存在します。原子核の直系は原子直径の1万分の1ほどですが、原子の重さの99.9%は原子核にあります。

◨ 原子核の構造

原子核は陽子（記号p）という粒子と中性子（n）という粒子からできています（図1）。原子の世界の重さは質量数という単位で表されますが、陽子と中性子は共に質量数1です。それに対して電子の質量数は0です。また、1個の陽子は+1単位の電荷を持ちますが、中性子は電荷を持ちません。それに対して電子は-1の電荷を持ちます。

原子核を構成する陽子の個数を原子番号（記号Z）といいます。一方、陽子の個数と中性子の個数の和を質量数（記号A）といいます。ZとAはそれぞれ元素記号の左下、左上に添え字で表す約束です。

◨ 電子雲

原子は原子番号と同じ個数の電子を持ちます。この結果、原子は電気的に中性となります。後に詳しく説明しますが、原子の性質、反応性は電子雲によって決まります。

ところが、原子の中には原子番号が同じで質量数の異なるものがあります。これらは電子雲が同じですから反応性は同じなのですが、質量数（重さ）は異なります。このような原子を同位体といいます。炭素には^{12}C、^{13}C、^{14}Cなどが知られていますが、大量に存在するのは^{12}Cです。

原子番号が同じ原子の集合を元素といいます。つまり、炭素という元素には3種以上の原子（同位体）が存在することになります。

第1章 炭素原子の構造と性質

図1 原子核の構造

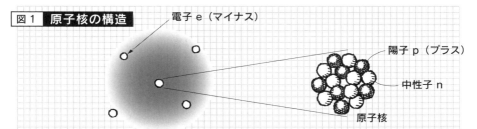

原子		名 称	記 号	電 荷	質量数
		電 子	e	−1	0
	原子核	陽 子	p	+1	1
		中性子	n	0	1

$${}^{12}_{6}\text{C}$$

- 質量数 A（陽子数＋中性子数）
- 元素記号（carbonの頭文字）
- 原子番号 Z（陽子数＋中性子数）

全体をも元素記号という

図2 同位体の例

元素名	水素			炭素		酸素		塩素	
記 号	^{1}H (H)	^{2}H (D)	^{3}H (T)	^{12}C	^{13}C	^{16}O	^{18}O	^{35}Cl	^{37}Cl
陽子数	1	1	1	6	6	8	8	17	17
中性子数	0	1	2	6	7	8	10	18	20
存在比%	99.98	0.015		98.89	1.11	99.76	0.20	75.53	24.47
分子量	1			12		16		35.5	

表の中で例えば、炭素の同位体はたくさんあるが、安定しているのは表の ^{12}C と ^{13}C。

- 原子は原子核と電子雲からできている。
- 原子核は陽子と中性子からできている。
- 原子は同数の陽子と電子からできているので電気的に中性である。

1-2 原子量と分子量

物質とは有限の体積と有限の質量を持つもののことをいいます。これがないと精神とか、幽霊ということになります。物質が原子からできていることを考えればわかるように、**物質の質量の基本は原子の質量ということになります。**

1 原子量

1個の原子はたいへんに小さく軽いので、その重さを量るのは不可能です。しかし、原子もたくさん集まれば一定の重さになります。そして、ある個数だけ集まれば質量数（に g をつけた）重さになるでしょう。このときの原子集団の個数をアボガドロ定数（6.02×10^{23}）といいます。そして、アボガドロ数個の集団を1モルといいます。鉛筆12本の集団を1ダースというのとまったく同じことです。

つまり、炭素の同位体 ^{12}C が 6.02×10^{23} 個集まると、その集団の質量は12gとなるのです。しかし炭素には ^{12}C の他の同位体も存在します。そこで簡単にいえば、^{12}C、^{13}C、^{14}C を含めた質量数の平均値をとり、これを原子量ということにしています。

原子量は各原子の相対的な重さを表す数値であり、たいへんに重要です。しかし、同位体の組成が変化したら原子量も変化します。そこで、定期的に数値の見直しが行われています。

2 分子量

分子は原子からできています。分子の相対的な重さを表す指標を分子量といいます。分子量はその分子を構成する全ての原子の原子量の総和のことをいいます。つまり H_2O なら H の原子量＝1、酸素の原子量＝16であることから、分子量は $1 \times 2 + 16 = 18$ となります。メタノール CH_3OH なら C の原子量が12であることから、$12 + 1 \times 3 + 16 + 1 = 42$ となります。

全ての気体は0℃、1気圧の下では1モルが22.4L（リットル）の体積を示すことが知られています。つまり、都市ガスのメタン CH_4 は0℃、1気圧では22.4Lで分子量に等しい16gなのです。空気の平均分子量は28.8ですから、メタンは空気より軽いのです。風船にメタンを詰めれば、風船は空気中を上昇することになります。

第1章 炭素原子の構造と性質

図1　1モルと原子量

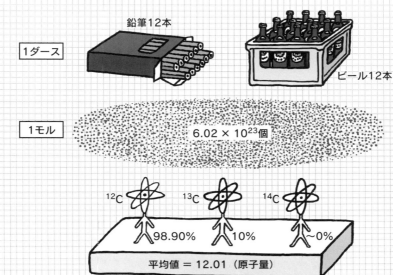

図2　分子量

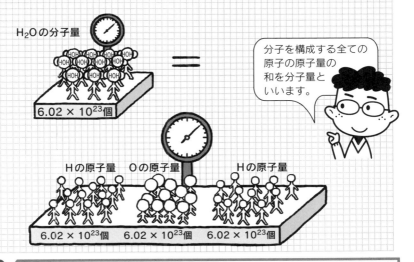

分子を構成する全ての原子の原子量の和を分子量といいます。

- 原子の重さを相対的に表した数値を原子量という。
- 分子を構成する全原子の原子量の総和を分子量という。
- アボガドロ数個の原子、分子の集団を1モルという。

1-3 原子の電子構造

原子を構成する電子は原子核の周りに適当に集まっているわけではありません。電子には定まった居場所があります。これを電子殻、軌道といいます。

1 電子殻

原子に属する電子は電子殻に入ります。電子殻は原子核の周りに球殻状に存在します。それぞれには原子核に近いものから順にK殻、L殻、M殻などと、アルファベットのKから始まる名前がついています。

そして各電子殻には定員が決まっており、それはK殻（2個）、L殻（8個）、M殻（18個）などと、整数nを用いると$2n^2$個になっています。この整数nを各電子殻の量子数といいます。つまりK殻（1）、L殻（2）、M殻（3）などです（図1）。

2 軌道

電子殻を詳しく検討すると、複数個の軌道からできていることがわかります。その組成は図1に示したとおりです。

すなわちK殻は1個の1s軌道だけですが、L殻は1個の2s軌道と3個セットの2p軌道、合計4個の軌道からできています。そしてM殻は1個の3s軌道、3個セットの3p軌道、5個セットの3d軌道、合計9個の軌道からできています。1s、2sなどのように、軌道名の前につく数字は、その軌道の属する電子殻の量子数になっています。

各軌道の定員は一律に2個と決まっています。当然ですが、各電子殻を構成する軌道の定員の和は先に見た電子殻の定員に一致します。

3 軌道の形

軌道は固有の形を持っていますが、有機化学に関係するのはほとんどがs、p軌道ですから、その形を示します。

s軌道は球状ですから、お団子の形と考えるとよいでしょう。p軌道は2個のお団子を串に刺したミタラシ形と考えましょう。すると串の方向が軌道の方向を指す、すなわちp_x軌道なら串の方向がx軸方向になっていることがわかります。

第1章 炭素原子の構造と性質

図1 電子殻とその組成

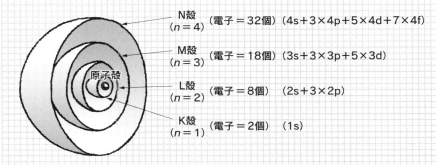

- N殻 ($n=4$) （電子=32個）（4s+3×4p+5×4d+7×4f）
- M殻 ($n=3$) （電子=18個）（3s+3×3p+5×3d）
- L殻 ($n=2$) （電子=8個）　（2s+3×2p）
- K殻 ($n=1$) （電子=2個）　（1s）

図2 軌道の形

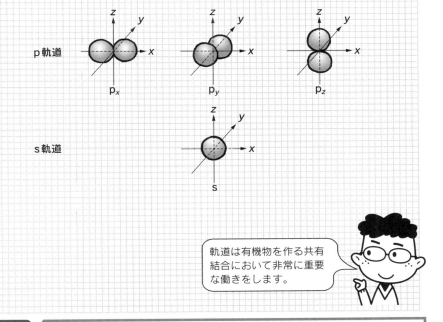

軌道は有機物を作る共有結合において非常に重要な働きをします。

ポイント
- 電子は球殻状の電子殻に入る。
- 電子殻は軌道からできている。
- s軌道はお団子型、p軌道はミタラシ形である。

007

1-4 電子殻と軌道のエネルギー

プラスの電荷とマイナスの電荷の間には静電引力というエネルギー E が生じます。原子核はプラスに荷電し、電子はマイナスに荷電しているので、この両者の間にも静電引力が生じます。

1 電子殻のエネルギー

電子殻に入った電子は原子核との間に静電引力を生じます。このエネルギーを電子殻のエネルギーといいます。

静電引力は電荷間の距離の二乗に反比例します。つまり、距離が小さければそれだけ大きくなります。したがってK殻が最大です。反対に、距離が無限大になればエネルギーは0になります。原子核との距離が無限大ということは、原子から飛び出した電子を意味します。このような電子を自由電子といいます。

2 エネルギーの表現

図2は電子殻のエネルギーを表したものです。自由電子のエネルギーを E＝0 として基準にしています。原子、分子では、エネルギーはマイナスで表現します。したがって、エネルギーの最も大きい、K殻が最も下になります。

このように表現すると、エネルギーと安定性の関係が位置エネルギーと同じになります。つまり、図の下にあるものほど「低エネルギーで安定」、上にいくほど「高エネルギーで不安定」となるのです。この関係は化学では重要です。

3 軌道のエネルギー

電子殻と同様に、軌道もエネルギーを持っています。同じ電子殻に属する軌道なら s＜p＜d 軌道の順で高エネルギーとなります。

p軌道は3個セットであり、d軌道は5個セットです。このように、方向の違いだけとはいえ、互いに異なる軌道でありながらエネルギーの異なる軌道を縮重軌道といいます。

第1章 炭素原子の構造と性質

図1 原子核のエネルギー

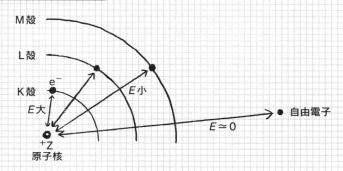

図2 軌道のエネルギー

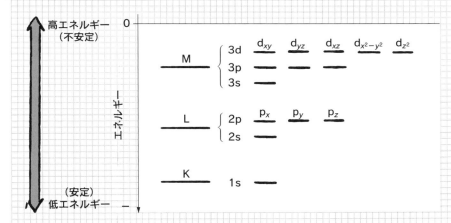

エネルギーの等しい軌道を縮重軌道といいます。3個セットのp軌道、5個セットのd軌道などがその例です。

ポイント
- 電子殻、軌道は固有のエネルギーを持つ。
- 原子、分子のエネルギーはマイナスで表現する。
- エネルギーの低い物は安定であり、高いものは不安定である。

1-5 電子配置

電子がどの軌道にどのように入っているかを表したものを電子配置といいます。電子配置は原子の性質や反応性に直接影響するもので、非常に重要です。

1 電子配置の約束

電子は回転しています。これを自転、スピンと呼びます。スピンには右回転と左回転があり、この違いを上下方向の矢印で表現します。

電子が軌道に入るときには守らなければならない約束があります。それは次のようなものです。

①エネルギーの低い軌道から順に入る。
②1個の軌道に2個以上の電子が入ることはできない。
③1個の軌道に2個の電子が入るときには互いにスピンを逆にする。
④軌道エネルギーが同じなら、スピン方向が同じ方が安定。

2 実際の電子配置

原子番号に即して電子配置を見てみましょう。

H ：1個の電子は①にしたがって1s軌道に入ります。
He：2番目の電子も①にしたがって1s軌道に入りますが、②にしたがってスピンを逆にします。
Li ：3番目の電子は③に従って2s軌道に入ります。
Be：4番目の電子は2s軌道にスピンを逆にして入ります。
B ：5番目の電子は③に従って2p軌道に入ります。
C ：6番目の電子の入り方には幾つか考えられます。C-1では5番目の電子と同じ軌道にスピンを逆にして入っています。C-2では別のp軌道に逆スピンで入っています。C-3では別の軌道に同スピンで入っています。ここで④が稼働します。C-1、2、3では電子の軌道エネルギーの総和は同じです。したがってスピン方向が同じC-3が安定となるのです。このようにエネルギーの低いものを一般に基底状態といいます。反対にC-2、3のように高エネルギーのものを励起状態といいます。

O〜Neは上と同じようにして電子を詰めていけば電子配置が完成します。

第1章　炭素原子の構造と性質

図1　スピン

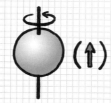 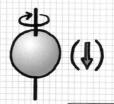

電子は自転（スピン）しています。自転方向の違いを矢印の向きで表します。

図2　電子配置

		H							H
K	1s	↑							

		Li	Be	B	C	N	O	F	Ne
L	2p	○○○	○○○	↑○○	↑↑○	↑↑↑	↑↓↑↑	↑↓↑↓↑	↑↓↑↓↑↓
	2s	↑	↑↓	↑↓	↑↓	↑↓	↑↓	↑↓	↑↓
K	1s	↑↓	↑↓	↑↓	↑↓	↑↓	↑↓	↑↓	↑↓

開殻構造　　　　　　　　　　　　　　　　閉殻構造

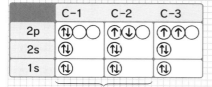

	C-1	C-2	C-3
2p	↑↓○○	↑↓↓○	↑↑○
2s	↑↓	↑↓	↑↓
1s	↑↓	↑↓	↑↓

励起状態　　　基底状態

- 電子がどの軌道に入っているかを表すものを電子配置という。
- 電子はエネルギーの低い軌道から順に入っていく。
- 1個の軌道に2個以上の電子が入ることはできない。

1-6 周期表

原子を原子番号の順に並べ、適当な所で折り返したものを周期表といいます。その意味でカレンダーに似ています。周期表を見ればその原子の性質がわかります。

1 族の性質

周期表の上部には左から1～18までの数字が振ってあります。これは族を表す数字で、1の下の元素は1族元素というように、全ての元素が1～18族に分類してあります（図1）。

カレンダーの曜日に固有のスケジュールがあるように、周期表の各族には固有の性質があります。例えば1族は+1価の陽イオンになりやすく、17族は－1価の陰イオンになりやすいです。それに対して14、15族はイオンになりにくいです。一方、18族はイオンになりにくいだけでなく、結合も作りにくく、したがって反応性も極端に低くなります。

また周期表の左下は金属元素、右上は非金属元素が多くなります

有機化学で出てくる主な原子で見れば、1族の水素Hは1価の陽イオンH^+になりやすく、17族のフッ素Fと塩素Clは－1価の陰イオンF^-、Cl^-になります。16族の酸素Oは2個の電子を受け入れて－2価の陰イオンO^{2-}になります。それに対して14族の炭素Cと15族の窒素Nは、例外を除けばイオンになることはありません。

2 電気陰性度

原子には電子を引きつけやすいものと、反対に放出しやすいものがあります。原子が電子を引きつける度合いを電気陰性度といいます。電気陰性度が大きいものほど電子を引きつけてマイナスに荷電しやすいことを表します。簡単な指標ですが、有機化学では非常に大切です。

図2は主な原子を周期表に倣って並べ、電気陰性度を付したものです。全般的に右上にいくほど大きくなります。横並びで見れば、右にいくほど大きくなります。有機化学で出てくる主な原子を電気陰性度の順に並べると

$$H<C<N=Cl<O<F$$

となります。この順序は頭に入れておくと何かと便利です。

第1章 炭素原子の構造と性質

図1　周期表

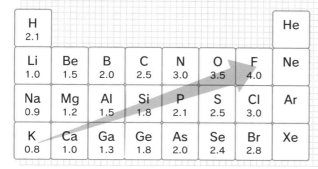

図2　電気陰性度

電気陰性度は後に分子の反応性を考えるときに重要になります。

- 周期表で同じ族に属する原子は互いに似た性質を持つ。
- H は H^+ に O は O^{2-} になるが C と N はイオン化しない。
- 原子が陰イオンになるなり易さを表す指標を電気陰性度という。

第2章
有機化合物を作る結合

有機化合物を作る結合は共有結合です。共有結合にはσ結合とπ結合があり、それが組み合わさって二重結合、三重結合などを作ります。

共有結合

原子は結合して分子を作ります。結合にはイオン結合、金属結合、水素結合など多くの種類がありますが、有機化合物を構成する結合は共有結合です。

1 水素の共有結合

典型的な共有結合は水素分子 H_2 を作る結合です。水素分子の生成過程を見てみましょう。

2個の水素原子が近づくと互いの1s軌道が重なります。こうなると1s軌道は姿を消して、代わりに2個の水素原子核を取り囲むような、新しい大きな軌道ができます。この軌道は（水素）分子に属する軌道なので分子軌道といわれます。それに対して元の1s軌道は原子軌道と呼ばれます（図1）。

水素原子の2個の電子は分子軌道に入ります。この状態が水素分子です。分子軌道に入った2個の電子は結合電子と呼ばれ、主に2個の原子核の中間領域に存在します。この結果、原子核と電子の間の静電引力によって2個の水素原子核は引き寄せられます。これが共有結合の結合力に相当することになるのです。

2 共有結合の重要事項

上の例だけで、共有結合の重要事項を抽出するのは少々乱暴ですが、本書は有機化学であり、結合論を扱う本ではないので我慢しましょう。詳しく勉強したい方は本書の姉妹書である『数学フリーの化学結合』をご覧になってください。重要事項は以下のとおりです。

① 1個の軌道に1個だけ入った電子（不対電子）が共有結合をつくる。
② 原子軌道の重なりが大きいほど強い結合となる。

①から、不対電子がたくさんある原子はたくさんの共有結合を作ることができることになります。前章の電子配置を見ると、H、Fは1個、Nは3個、Oは2個の不対電子を持っています。この結果HとFは1本ずつ、Nは3本、Oは2本の共有結合を作ることができます（図2）。

炭素は不対電子を2個しか持っていません。しかし、「炭素は4本の共有結合を作ることができる」というのは有機化学の大原則です。なぜこのようなことになるのかは、後の節で詳しく見ることにしましょう。

第2章 有機化合物を作る結合

図1 水素の共有結合

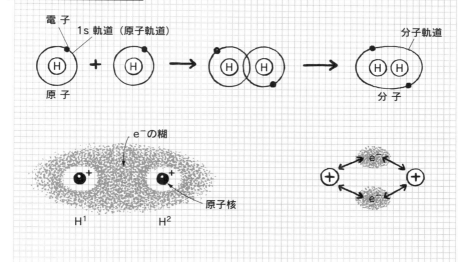

図2 共有結合の電子配置

原子	H	B	C	N	O	F
電子配置	（図）	（図）	（図）	（図）	（図）	（図）
不対電子数	1	1	2	3	2	1
結合手本数	1	3	4	3	2	1

不対電子数と結合手本数の関係について表に示しました。つまり基本的に不対電子の個数だけ共有結合を作ることができます。

- ●共有結合は原子軌道の重なりによって生じる。
- ●軌道の重なりが大きいほど結合は強くなる。
- ●原子は不対電子の個数だけ共有結合を作ることができる。

2-2 σ結合とπ結合

共有結合といえば一重結合、二重結合などが思い浮かびます。しかし、共有結合で重要なのはσ（シグマ）結合とπ（パイ）結合なのです。

1 σ結合

前節で共有結合を作るのは原子軌道の重なりであることを見ました。水素分子では 2 個の 1s 軌道が重なっていました。同じような軌道の重なりは p 軌道の間でも見られます。

2 個の p_x 軌道が x 軸上を動いて互いに近づいたとしましょう。図 1 に見るように、適当な距離に近づくと両軌道の間に重なりが起きます。これは両軌道、すなわち両原子の間に結合が生じたことを意味します。このときに生じた結合電子雲の形は紡錘形と見ることができます。このような共有結合を σ 結合といいます。

σ 結合では、片方の原子を固定したまま、もう片方の原子を回転しても、要するに結合を捩（ねじ）っても、結合は変化しません。これを化学では結合回転可能といいます。

2 π結合

2 個の p_z 軌道が x 軸上を動いて近づいたとしましょう。2 個の p_z 軌道は互いに平行になったまま近づきます。そしてある程度近づくと、両方の電子雲が接触します。これは 2 本のミタラシ団子が近づいて、横っ腹を接してクッツイタ状態です。すなわち 2 本のミタラシ（原子）は接着（結合）したのです。

このような結合を π 結合といいます。π 結合の結合電子雲は、p 軌道が接した場所に生じます。すなわち π 結合電子雲は結合軸の上下 2 か所に生じます。π 結合は 2 本の π 結合電子雲からなる結合なのです。

π 結合している 2 原子の片方を固定したままもう片方を回転したら、π 結合電子雲は破壊される、つまり π 結合は切断されます。このように π 結合は結合回転ができません。これは結合回転可能な σ 結合と比べて大きな違いです。

また、原子軌道の重なりも σ 結合に比べて小さいです。これは π 結合が σ 結合に比べて弱い結合であることを示します。

第2章 有機化合物を作る結合

図1 σ結合

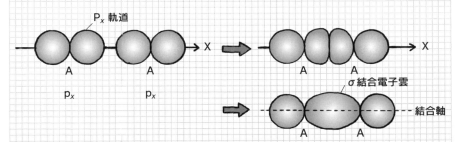

図2 π結合

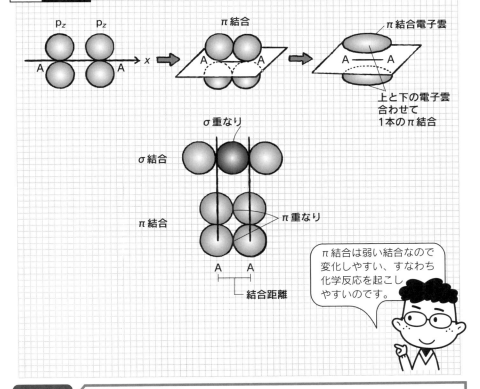

π結合は弱い結合なので変化しやすい、すなわち化学反応を起こしやすいのです。

ポイント
- H_2分子のような結合をσ結合という。σ結合は回転可能である。
- 2個のp軌道が平行のまま近づいて作る結合をπ結合という。
- π結合は結合力が弱く、結合回転ができない。

2-3 混成軌道

原子は結合を作るときに、それまで持っていたs軌道やp軌道などの原子軌道をリアレンジします。この結果できた軌道を混成軌道といいます。

1 炭素原子の混成軌道

炭素原子は分子を作る、すなわち結合を作るときにそれまで持っていた原子軌道、つまりs軌道、p軌道を再編成します。このようにしてできた混成軌道がsp^3、sp^2、spの三種類なのです。sp^3などの右肩についている添え字は混成に関与したp軌道の個数を表します。

混成軌道はハンバーグにたとえるのが一番わかりやすいです。牛肉ハンバーグの価格を1個＝500円としましょう。豚肉ハンバーグは大安売りで1個＝100円としましょう。これを3：1で混ぜた合挽き肉ハンバーグは1個400円となります。この例文は混成軌道のエネルギーを表します。つまり牛肉ハンバーグをp軌道、豚肉ハンバーグをs軌道とすると、その3：1混合物であるsp^3混成軌道のエネルギー（価格）は、その原料軌道のエネルギーの平均値となるのです。

また、ハンバーグであるからには、形や量（重さ）に違いがあっては困ります。このようなことから、混成ハンバーグの個数は原料軌道の個数と同じであり、その形は全て同じです。

2 炭素原子の混成軌道の種類

炭素原子の作る混成軌道は三種あります。

① sp^3混成軌道

1個の2s軌道と3個の2p軌道からできた軌道です。4個の混成軌道は互いに正四面体の頂点方向、すなわち互いに109.5度の角度を保ちます。

② sp^2混成軌道

1個のs軌道と2個のp軌道からできた軌道です。3個の混成軌道は同一平面上で互いに120度の角度で交わります。混成に関与しなかった軌道は混成軌道の作る平面に直交します。

③ sp混成軌道

1個のs軌道と1個のp軌道からできた軌道です。角度は180度です。

第 2 章　有機化合物を作る結合

図1　混成軌道

図2　炭素原子の混成軌道

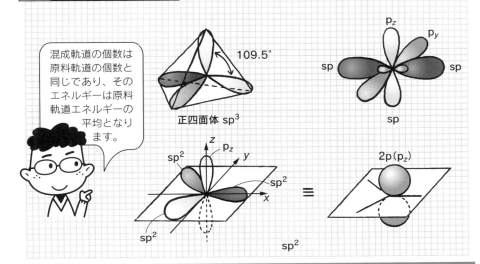

混成軌道の個数は原料軌道の個数と同じであり、そのエネルギーは原料軌道エネルギーの平均となります。

ポイント
- s軌道、p軌道などの原子軌道をリアレンジした軌道を混成軌道という。
- 混成軌道は原料軌道と同じ個数だけできる。
- 混成軌道のエネルギーは原料軌道の平均値である。

2-4 炭素原子の作る結合-①

前節で見たようにさまざまな混成軌道を作ることのできる炭素はさまざまな共有結合を作り、それによってさまざまな分子を作ります。

1 sp^3混成軌道を用いた分子

sp^3混成軌道を用いた有機分子の典型はメタンCH_4です。この炭素はsp^3混成ですから、4個の混成軌道は互いに109.5度の角度を保ち、海岸に置かれたテトラポッドと同じ角度になります。この4個の混成軌道の軌道エネルギーは同じです。したがって電子は1-5-4の規則に従って、4個の混成軌道に互いにスピン平行を保って入ります（図1）。

この結果、炭素原子の持つ不対電子の個数は4個となり、4本の共有結合を作ることになるのです。

2 sp^2混成軌道を用いた分子

sp^2混成軌道を用いた分子の典型はエチレン$H_2C=CH_2$です。この炭素は前節で見たように、同一平面上に乗った3個の混成軌道と、その平面に直交する軌道からなっています。

図2はエチレン分子を構成する原子をsp^2混成炭素の混成軌道を基に配列したものです。全ての原子がσ結合で結合し、その角度はsp^2混成軌道に基づく120度になっています。このような表示をσ結合骨格といいます。

3 π結合の生成

しかし、各炭素原子には、まだ結合に関与していない1個ずつのp軌道が残っています。図3からわかるように、このp軌道も互いに接しています。つまり、この2個の炭素はσ結合で結合する以外にπ結合でも結合しているのです。このように、σ結合とπ結合によって二重に結合した結合を二重結合といいます。有機化学ではこのような結合を図示するのに、p軌道を細身に書いて線で結んだ慣用表示を用います。

先に見たようにπ結合は回転できません。そのため、図4の化合物シス体とトランス体は互いに異なる化合物ということになります。このような物を互いに異性体といいます。異性体の問題は有機化学では非常に重要ですので、後に詳しくご説明します。

第2章 有機化合物を作る結合

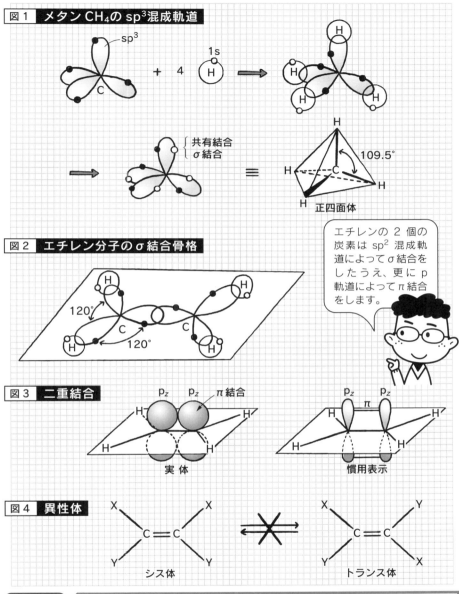

図1 メタン CH_4 の sp^3 混成軌道

図2 エチレン分子の σ 結合骨格

エチレンの2個の炭素は sp^2 混成軌道によって σ 結合をしたうえ、更に p 軌道によって π 結合をします。

図3 二重結合

図4 異性体

ポイント
● sp^3 混成炭素の作るメタン CH_4 の結合は全て σ 結合である。
● sp^2 混成炭素の作るエチレン $H_2C=CH_2$ の結合角度は120度である。
● エチレンの C=C 結合は σ 結合と π 結合による二重結合である。

2-5 炭素原子の作る結合-②

sp混成炭素は三重結合を作ります。一重結合を飽和結合といい、二重、三重結合、次節で見る共役二重結合などを不飽和結合といいます。

1 sp混成軌道を用いた分子

sp混成軌道を用いた典型的な有機分子はアセチレン $HC≡CH$ です。この炭素は互いに180度の角度を持った2個の混成軌道の他に、2個のp軌道を持っています。したがって、混成軌道を用いて H–C–C–H のσ骨格を作ると、4原子は一直線状に並びます。つまりアセチレンは一直線状の分子なのです（図1）。

アセチレンではこのほかに、各炭素上に2個ずつあるp軌道を用いて2本のπ結合を作ることができます。この結果アセチレンのC–C結合は1本のσ結合と2本のπ結合とで合計三重に結合されることになります。これが三重結合なのです。

なお、2本のπ結合に基づく合計4本のπ電子雲は互いに流れ寄って円筒状になるものと考えられます（図2）。

2 飽和結合と不飽和結合

これまでのことをまとめると、C–C一重結合はσ結合、二重結合はσ結合＋π結合、三重結合はσ結合＋π結合＋π結合ということになります。そして一重結合を作る炭素はsp^3混成状態、二重結合を作る炭素はsp^2混成状態、そして三重結合を作る炭素はsp混成状態ということになります。例外もありますが、ザックリとはこのような考えでよいでしょう。

一重結合を飽和結合、二重、三重結合を不飽和結合と呼ぶこともあります。次章で見る共役二重結合も不飽和結合の一種です（図3）。

コラム　アセチレン

アセチレンと酸素の混合気体に着火したものは酸素アセチレン炎と呼ばれ、その温度は3000～4000℃という高温に達します。そのため、鉄の切断や溶接などに用いられます。

アセチレンは有機物ですが、無機物である炭化カルシウム（カーバイド）CaC_2と水H_2Oの反応で作ることができます。

$$CaC_2 + 2H_2O \rightarrow C_2H_2 + Ca(OH)_2$$

第 2 章　有機化合物を作る結合

図1　アセチレンの sp 混成軌道

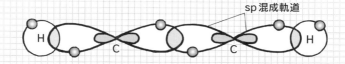

図2　アセチレンの π 結合

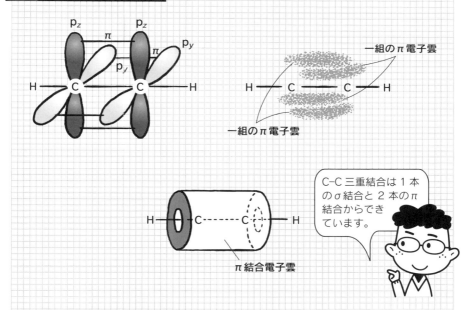

C–C 三重結合は 1 本の σ 結合と 2 本の π 結合からできています。

図3　飽和結合と不飽和結合

名称	結合	混成	分類
一重結合	σ	sp^3 混成	飽和結合
二重結合	σ + π	sp^2 混成	不飽和結合
三重結合	σ + π + π	sp 混成	

- sp 混成炭素の作るアセチレンは直線状で三重結合である。
- C–C 一重結合は sp^3、二重結合は sp^2、三重結合は sp 混成炭素が作る。
- 一重結合を飽和結合、それ以外の結合を不飽和結合という。

2-6 共役二重結合

二重結合と一重結合が交互に並んだ結合を全体として共役二重結合といいます。共役二重結合は多くの重要な有機化合物に存在する大切な結合です。

1 ブタジエン（図1）

図AのブタジエンはC_1–C_2、C_3–C_4間に二重結合があります。図Bはブタジエンの4個の炭素原子を抜き出したものです。炭素は全てsp^2混成ですから、各炭素上にはp軌道があります。したがって図のように4個のp軌道は互いに接してπ結合を作ります。つまりC_1–C_2、C_3–C_4間だけでなく、C_2–C_3間にもπ結合があることになります。すると、C_2–C_3間にπ結合がないとする図Aの構造式は間違っていることになります。

図Cは全ての炭素間に二重結合があるとしたものです。すると、炭素の結合の本数がおかしくなります。つまり、C_2とC_3の結合が5本ずつになっているのです。このようにブタジエンの構造を正しく表現する図は存在しませんが、便宜的に図Aを書く約束になっています。

ブタジエンではC_1～C_4までの炭素鎖の上下に長いπ電子雲が存在することになります。このようなπ結合を特に非局在π結合といいます。それに対してエチレンのように、2個の炭素間にだけ存在するπ結合を局在π結合といいます。

2 ベンゼン

ベンゼンは有機学で非常に重要な化合物です。ベンゼンは6個の炭素が環状に並び、一つ置きに二重結合となっています。したがって共役二重結合を持つ化合物です。その結合の様子を図2に示しました。6個の炭素上に6個のp軌道が並び、その結果、まるでドーナツのような2個の環状π電子雲ができています。

このように6個の炭素からなる環状共役系を持つ化合物を特に芳香族化合物と呼びます。ナフタレンやアントラセンは複数個のベンゼン骨格からなる芳香族化合物です。芳香族化合物は大変に安定で反応しにくい化合物ですが、後に見る芳香族置換反応という反応だけは容易に起こします。

第2章 有機化合物を作る結合

図1 ブタジエンの結合

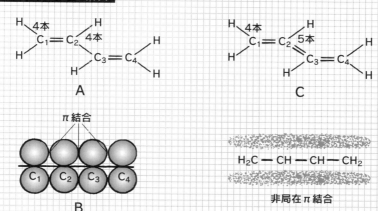

図2 ベンゼンの結合

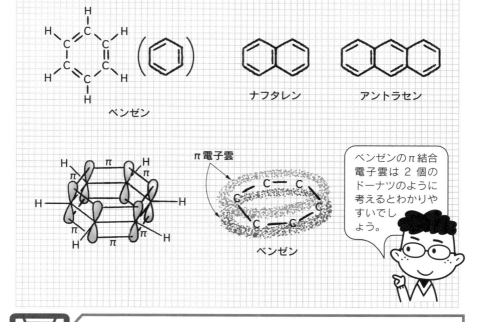

- 一重結合と二重結合が交互に並んだ結合を共役二重結合という。
- 共役二重結合では結合全体に広がる長いπ電子雲が存在する。
- 6個の炭素からなる環状共役化合物を芳香族化合物という。

027

2-7 ヘテロ原子との結合

炭素、水素以外の原子をヘテロ原子ということがあります。有機化学ではC=O、C=N結合が重要な役割を演じることがたくさんあります。

1 C=O 二重結合

有機化学ではC=O結合はカルボニル基と呼ばれ、非常に重要です。この結合は二重結合ですからCもOもsp^2混成です。

sp^2混成状態の酸素の電子配置は図1のようになります。つまり、3個の混成軌道と1個のp軌道、合計4個の軌道にL殻の6個の電子が入るので、2個の軌道には2個の電子が入って非共有電子対とならなければなりません。非共有電子対となるのは2個の混成軌道です。この結果、不対電子が入って共有結合を作ることができるのは1個の混成軌道とp軌道ということになります。

図2はC=O結合を表したものです。Oの混成軌道はCの混成軌道と重なってσ結合を作り、同時にOとCのp軌道も重なってπ結合を作ります。このようにしてC=O二重結合が生成されます。重要なことは酸素原子では、分子面に2対の非共有電子対が存在することです。

2 C=N 二重結合

C=N結合を構成するNもsp^2混成です。sp^2混成状態の窒素の電子配置は図3のとおりです。C=N二重結合を作るためには上の酸素の場合と同じように、Nの1個の混成軌道（σ結合用）とp軌道（π結合用）に不対電子を入れて、結合ができる状態にしておかなければなりません。その結果、残り2個の混成軌道には、片方に不対電子、もう片方に非共有電子対が入ることになります。

つまり、残った2個の混成軌道のうち、不対電子が入った方は他の原子Hと結合できますが、もう片方は結合することができません。この結果、Cに結合した二つの置換基X、YとNに結合した置換基Hの位置関係に二種類の可能性が出てきます。

これは先にエチレンの結合で見たシス・トランス異性と同じことです。

しかしC=N結合の場合にはシン・アンチ異性と呼ばれます（図4）。

第2章 有機化合物を作る結合

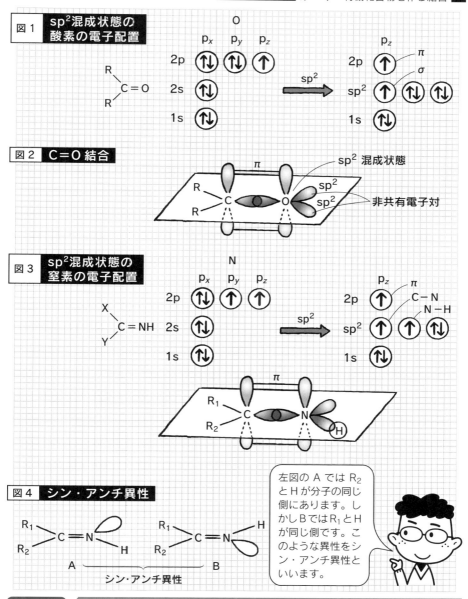

図1 sp²混成状態の酸素の電子配置

図2 C=O結合

図3 sp²混成状態の窒素の電子配置

図4 シン・アンチ異性

左図のAではR₂とHが分子の同じ側にあります。しかしBではR₁とHが同じ側です。このような異性をシン・アンチ異性といいます。

ポイント
- C=O結合はカルボニル基と呼ばれ、Oはsp²混成状態である。
- C=N結合のNもsp²混成状態であるが、Nに結合した原子の立体配置によってシン・アンチの異性体が生じる。

029

第3章
有機化合物の構造と命名法

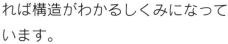

化合物の命名法は IUPAC によって決められています。これは炭素原子の個数をもとにして名前を決めるものです。したがって化合物の構造がわかれば名前が決まり、名前がわかれば構造がわかるしくみになっています。

3-1 有機化合物の種類

有機化合物を構成する元素の種類は多くありません。しかし有機化合物の種類は非常にたくさんあります。その原因は炭素原子がいくらでもたくさん連続して結合できることにあります。

1 有機化合物を作る元素

複数個の原子が結合してできた構造体を分子といいます。その中でただ一種類の原子からできたものを単体といいます。水素分子 H_2 や酸素分子 O_2、オゾン分子 O_3 などが単体です。

単体のうち、同じ原子でできた物を互いに同素体といいます。したがって O_2 と O_3 は同素体の関係になります。炭素の同素体ではダイヤモンド、グラファイト（黒鉛）、C_{60} フラーレン、カーボンナノチューブなどがよく知られています（図1）。

一方、複数種類の原子からできた分子を化合物といいます。水 H_2O、二酸化炭素 CO_2、メタン CH_4 などが相当します。有機分子は全てが複数種類の原子からできているので、すべて化合物です。したがって有機分子といっても、有機化合物といってもかまわないことになります。

有機化合物を作る基本的な原子は炭素と水素であり、それ以外の原子をヘテロ原子ということがあります。

2 炭化水素の種類

有機化合物には多くの種類がありますが、その基本は炭素と水素だけからなる化合物、炭化水素です。炭化水素にも多くの種類があります。炭化水素以外の有機化合物は炭化水素の数個の水素原子を他の原子、あるいは原子団（置換基）に置き換えた（置換）ものと考えることができます。炭化水素には次のような種類があります。

a　アルカン：一重結合だけでできたもの
b　アルケン：1個の二重結合を含むもの
c　アルキン：1個の三重結合を含むもの
d　環状炭化水素：複数個の炭素原子が環状に結合したもの
e　共役化合物：一重結合と二重結合が交互に並んだもの
f　芳香族炭化水素：6個の炭素が環状共役系を作ったもの

第3章 有機化合物の構造と命名法

図1 炭素の同素体

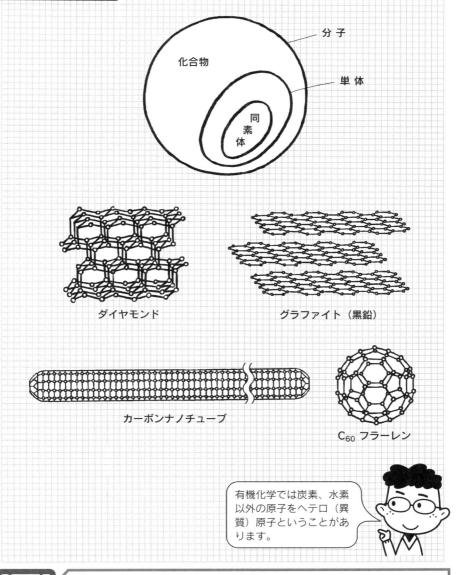

有機化学では炭素、水素以外の原子をヘテロ（異質）原子ということがあります。

- 分子には単体、同素体、化合物がある。
- 炭素と水素だけからできた化合物を炭化水素という。
- 炭化水素にはアルカン、アルケン、アルキン等の種類がある。

3-2 構造式の表現

分子を構成する全原子の種類と個数を表した式（記号）を分子式といいます。一方、原子の結合する順序を表した式を構造式といいます。

1 分子式と構造式

水の分子式は H_2O です。これは水分子が1個の酸素原子 O と2個の水素原子 H からできていることを示します。しかし、その並び方は H−H−O なのか、H−O−H なのかは、分子式ではわかりません。並び方を示した H−O−H を構造式といいます。

2 有機化合物の構造式

表1は主な有機化合物の構造式を表したものです。アルカンの構造式のうち、カラム1のものを見てください。この構造式は原子全てが元素記号で表され、結合が実線で書かれています。これは最も丁寧に書かれた構造式の一種といってよいでしょう。

しかし、2-メチルプロパンを見てください。元素記号が重なりそうになっています。そこで考え出されたのがカラム2の簡便法です。ここでは炭素と水素を一緒にし、CH_2単位あるいはCH_3単位で書いています。かなり書きやすく、見やすくなっています。

しかし、複雑な分子になるとこれでも大変です。そこで考え出されたのがカラム3の方法です。

3 一般的な構造式

この書き方には約束があります。それは次のようなものです。
①直線の両端および屈曲位には炭素原子が存在する。
②全ての炭素には結合手を満足するだけの水素がついている。
③二重結合は＝、三重結合は≡で表す。
④ヘテロ原子およびそれに結合した水素は元素記号で表す。
というものです。このようにするとカラム3の構造式はカラム1の構造式に完全に1：1で対応します。

一般の有機化学の本はこの書式で書かれています。本書でも今後はこの書式で書くことにします。

第3章　有機化合物の構造と命名法

表1　有機化合物の構造表記

構造	分子式	構造式 カラム1	構造式 カラム2	カラム3
アルカン	CH_4	メタン	CH_4	
アルカン	C_2H_6	エタン	H_3C-CH_3	—
アルカン	C_3H_8	プロパン	$H_3C-CH_2-CH_3$ / $H(CH_2)_3H$	∧
アルカン	C_4H_{10}	ブタン	$H_3C-CH_2-CH_2-CH_3$ / $H(CH_2)_4H$	∧∧
アルカン	C_4H_{10}	2-メチルプロパン	$H_3C-CH-CH_3$ / CH_3	Y
シクロアルカン	C_3H_6	シクロプロパン	CH_2 / H_2C-CH_2	△
アルケン	C_2H_4	エチレン	$H_2C=CH_2$	=
アルケン	C_3H_6	プロペン(プロピレン)	$H_2C=CH-CH_3$	
アルキン	C_2H_2	アセチレン	$HC≡CH$	≡
共役化合物	C_4H_6	ブタジエン	$H_2C=CH-CH=CH_2$	
共役化合物	C_6H_6	ベンゼン	$HC{=}CH$ / $HC\ \ \ \ CH$ / $HC{=}CH$	⬡

ポイント
- 分子を構成する原子の種類と個数を示す式を**分子式**という。
- 分子を構成する原子の種類と結合順序を示す式を**構造式**という。
- 簡易型の構造式には決められた約束がある。

3-3 異性体

分子式は同じだが構造式の異なる化合物を互いに異性体といいます。先に見た C=C 二重結合におけるシス・トランス異性はその一例です。

1 アルカンの異性体

　有機化合物の特色の一つはその種類が多いことです。ほとんど無数といってよいでしょう。その理由は異性体が多いということに尽きます。同一の分子式でありながら、構造式の異なるものが非常に多いのです。

　図1に前節の表にあるアルカンを例として分子式 C_4H_{10} と C_5H_{12} の異性体の構造式を示しました。こんなに簡単な分子式なのに、前者には2個、後者には3個の異性体が存在します。炭素数が多くなると異性体の個数はウナギノボリに多くなります。

　異性体の個数を表1に示しました。炭素鎖を構成する炭素の個数に制限はありません。炭素数20個で異性体の個数は36万個です。ポリエチレンはアルカンです。その炭素数は1万個を超えます。異性体の個数は天文学的になります。

2 アルケンの異性体

　図2は前節の表にあるアルケンのシス・トランス異性体の例です。このように、原子の結合順序は同じなのに、その方向が異なることによる異性を立体異性といいます。立体異性の例はその種類が多いだけでなく、異性体の性質がまったく異なることから、非常に重要かつ問題の多いところです。

　アルケンには、その「二重結合がどこにあるのか？」という問題があります。

　図2の1-ブテンと2-ブテンでは二重結合の位置が異なります。すなわち両者はまったく異なる異質の分子です。そのうえ、2-ブテンにはシス体とトランス体という異性が存在するのです。

3 環状化合物の異性体

　有機化合物には環状化合物があります。これに二重結合と原子団（置換基）が関与すると、マタマタ複雑な問題が生じます。このような問題をここで論じてもらちがあきません。問題が起きたらその都度説明することにして、ここでは異性体の種類の多さを強調するに留めます。

第3章　有機化合物の構造と命名法

図1　アルカンの異性体の構造式

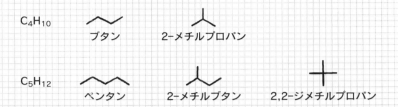

表1　炭素数と異性体の個数の関係

分子式	異性体の個数
C_4H_{10}	2
C_5H_{12}	3
$C_{10}H_{22}$	75
$C_{15}H_{32}$	4,347
$C_{20}H_{42}$	366,319

炭素原子の個数が増えると異性体の個数は加速度的に増加し、ついには天文学的な数字に達します。下のC_6H_{10}の例では5員環化合物（シクロペンテン）の例だけを示しました。

図2　アルケンの異性体の例

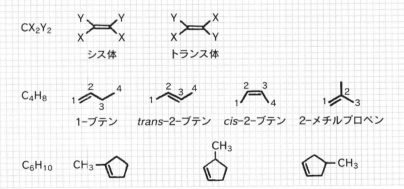

ポイント
- 分子式が同じで構造式の異なる分子を互いに異性体という。
- 有機化合物の種類が多いのは異性体の種類が多いことに起因する。
- 立体異性体は原子の結合順序は同じだが、方向の異なるものをいう。

3-4 有機化合物の命名法

メタン、ペンタン、オクタン。有機化合物にはヘンナな名前の分子がたくさんあります。この名前には何か意味があるのでしょうか？

1 IUPAC命名法

子供が生まれると両親はその子の幸せを願って名前を考えます。これまで宇宙に存在しなかった有機化合物を合成した化学者もこの両親と似た心境なのですが、分子に勝手な名前をつけることは許されません。

新規に合成あるいは発見された分子の名前は国際純正・応用化学連合（IUPAC）によって厳密に規定されているのです。これをIUPAC命名法といいます。この規則に従うと、新分子の構造が明らかになると自動的に名前が決まります。そして、その名前を知ると、構造式を書くことができるのです。

2 数詞

IUPAC命名法は優れた規則であり、同時に便利な命名法です。IUPAC命名法の基本は、有機化合物を作る炭素の個数を基準にしています。そしてその個数はギリシア語の数詞を用いるのです。ということで、まずはギリシア語の数詞を見てみましょう。馴染みのものです。

1：mono モノ：モノレールはレールが1本。
2：di ジ、bi ビ：bicycle、自転車は車輪が2個。
3：tri トリ：マラソン、自転車、水泳の三種競技はトライアスロン。
4：tetra テトラ：波消しブロック、テトラポッドの脚は4本。
5：penta ペンタ：米国防総省（ペンタゴン）の平面は5角形。
6：hexa ヘキサ：脚が6本の昆虫は英語でヘキサパス。
7：hepta ヘプタ：陸上の七種競技はヘプタスロン。
8：octa オクタ：脚が8本のタコは英語でオクタパス。
たくさん：poly ポリ：ポリエチレンはエチレンがたくさん結合したもの。

このような数詞は日常生活でもアチコチで使われています。これが有機分子の名前にどのように使われているのかは、次節以降で見ることにしましょう。

第3章 有機化合物の構造と命名法

表1　IUPAC 命名法

炭素数	名称	化学式	構造	数詞の例
1	mono モノ	methane メタン	CH_4	monorail
2	di(bi) ジ，ビ	ethane エタン	CH_3CH_3	bicycle （二輪車）
3	tri トリ	propane プロパン	$CH_3CH_2CH_3$	triathlon （三種競技）
4	tetra テトラ	butane ブタン	$CH_3(CH_2)_2CH_3$	tetrapod （テトラポッド）
5	penta ペンタ	pentane ペンタン	$CH_3(CH_2)_3CH_3$	pentagon （米国国防省）
6	hexa ヘキサ	hexane ヘキサン	$CH_3(CH_2)_4CH_3$	hexapus （昆虫）
7	hepta ヘプタ	heptane ヘプタン	$CH_3(CH_2)_5CH_3$	heptathlon （七種競技）
8	octa オクタ	octane オクタン	$CH_3(CH_2)_6CH_3$	octopus （タコ）
9	nona ノナ	nonane ノナン	$CH_3(CH_2)_7CH_3$	nanometer （10^{-9}m）
10	deca デカ	decane デカン	$CH_3(CH_2)_8CH_3$	デカ(刑事)は 銃(10)を持つ
20	icosa イコサ	icosane イコサン	$CH_3(CH_2)_{18}CH_3$	
たくさん	poly ポリ			polymer （高分子化合物）

10 の例はオヤジギャグと思って下さい。ポリエチレンなどの高分子はポリマーと呼ばれますが、その原料であるエチレンはモノマー（単量体）と呼ばれます。

ポイント
- 有機化合物の名前は国際純正・応用化学連合によって決められている。
- この命名法によれば分子の構造式と名前が1：1に対応する。
- この命名法の基本は炭素数を表すギリシア語の数詞である。

3-5 アルカンの命名法

アルカンは有機化合物の基本であり、全ての有機化合物の骨格を作るものです。命名法においてもアルカンが基本になります。まず、アルカンの命名法を見てみましょう。

1 直鎖アルカンの命名法

　直鎖アルカンとは枝分かれ（置換基）のない、1本の直線状のアルカンのことです。この命名法は簡単です。つまり、アルカンを構成する炭素数の数詞の語尾に ne をつければよいのです。例えば炭素数5個なら penta + ne = pentane、ペンタンとなります。炭素数8個なら octa + ne = octane オクタンです。

　ただし、炭素数1、2、3、4個のものはそれぞれ数詞に関係なくメタン、エタン、プロパン、ブタンと呼ばれます。これは昔からそう呼びならわされてきたことを重視したもので、このような名前を慣用名といいます。

2 環状アルカンの命名法

　環状アルカンの名前は、同じ炭素数の直鎖アルカンの名前の前に、環状を表す cyclo をつけます。したがって、炭素数3個なら cyclo + propane = cyclopropane、シクロプロパン、炭素数7個なら cyclo + hepta + ne = シクロヘプタンとなります。

3 メチル基を持つ直鎖アルカンの命名法

　原子団 CH_3 をメチル基といいます。図2の化合物 A の名前をつけてみましょう。命名法には順序があります。
①最も長い炭素鎖に従ってアルカンの名前を決める。
②最長の炭素鎖の炭素に順に番号をつける。
③ただし、メチル基の着いた炭素の番号が最も若くなるようにする。
④炭素番号-methyl + アルカン名とする。
というものです。

　A の最長炭素鎖は炭素数6個ですから基本名は hexane、ヘキサンです。番号は左からつければメチル基のついた炭素は3番で、右からつければ4番になりますが、若い方をとって3番にします。したがって名前は3-methylhexane、3-メチルヘキサンとなります。

第3章　有機化合物の構造と命名法

表1　直鎖アルカンの名称と沸点

炭素数	分子式	名称	英語名	沸点/℃
1	CH_4	メタン	methane	−167.7
2	C_2H_6	エタン	ethane	−88.6
3	C_3H_8	プロパン	propane	−42.1
4	C_4H_{10}	ブタン	butane	−0.5
5	C_5H_{12}	ペンタン	pentane	36.1
6	C_6H_{14}	ヘキサン	hexane	68.7
7	C_7H_{16}	ヘプタン	heptane	98.4
8	C_8H_{18}	オクタン	octane	127.7
9	C_9H_{20}	ノナン	nonane	150.8
10	$C_{10}H_{22}$	デカン	decane	174.0
11	$C_{11}H_{24}$	ウンデカン	undecane	195.8
12	$C_{12}H_{26}$	ドデカン	dodecane	216.3
20	$C_{20}H_{42}$	イコサン	icosane	343.0

図1　環状アルカンの命名

シクロプロパン　　　シクロヘプタン

図2　名前のつけ方

```
        CH₃
         |
CH₃-CH₂-CH-CH₂-CH₂-CH₃   ……(A)
 1   2   ③  4   5   6    左から
 6   5   ④  3   2   1    右から
         ↓
     3-メチルヘキサン
```

メチル基のついた炭素の番号が若くなるようにします。位置番号の数字の後にはハイフン(−)をつけます。

- 直鎖アルカンの名前は炭素数の数詞の語尾に ne をつける。
- 環状アルカンは炭素数の同じアルカンの名前の前にシクロをつける。
- メチル基の着いたアルカンは番号−メチル+アルカン名とする。

3-6 アルケン、アルキンの命名法

アルケン、アルキンの命名法は基本的にアルカンの命名法と同じです。二重結合、三重結合の位置は置換基と同じように炭素の番号で示します。

1 アルケンの基本的命名法

アルケンの命名法は炭素数の同じアルカン名の語尾のaneをeneに換えます。したがって化合物Aの名前はethane→ethene、エテンとなります。しかし、これは慣用名のエチレンと呼ばれることが多いです。同様に炭素数3個のBはpropane→propene、プロペンですが、これもプロピレンという慣用名を持っています（図1）。

2 複雑なアルケンの命名法

図2の化合物は炭素数4のアルケンですからbutane→buteneですが、ただブテンといったのではC、D、Eの三種の可能性があります。そこで二重結合の位置を指定します。番号はできるだけ若くなるようにつけます。するとCは1、2番間に二重結合があり、D、Eは2、3番間にあります。この場合、若い方の1個の番号だけを指定すればわかることですから、若い方の番号をとってそれぞれを1-ブテン、2-ブテンと命名することにします。

しかしこれでもDとEを区別することはできません。この2種はシス・トランスの異性体です。そこでDをトランス-2-ブテン、Eをシス-2-ブテンと命名します。

3 アルキンの命名法

アルキンの命名法はアルケンとほぼ同じです。つまり、炭素数の同じアルカン名の語尾をaneからyneに換えるのです。つまりFならば1-butyne、1-ブチン、Gならば2-ブチンです。

H、Iはメチル基の着いたアルキンです。炭素数5個で、1位に三重結合ですから基本名は1-ペンチンです。メチル基の位置と名前についてはアルカンの場合と同じですから、それぞれ3-メチル-1-ペンチン、4-メチル-1-ペンチンとなります（図3）。メチル基の番号を若くするには、炭素鎖の右から番号をつけた方が有利ですが、基本骨格の三重結合の番号を若くするようにします。

第3章 有機化合物の構造と命名法

図1 アルケンの命名法（基本）

H₃C － CH₃ … (A)　　→　　H₂C＝CH₂
ethane　　　　　　　　　　ethene
　　　　　　　　　　　　　（エチレン）

H₃C － CH₂ － CH₃ … (B)　→　H₂C＝CH － CH₃
propane　　　　　　　　　　propene
　　　　　　　　　　　　　（プロピレン）

図2 複雑なアルケンの命名法

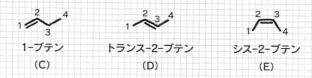

　1-ブテン　　　　トランス-2-ブテン　　シス-2-ブテン
　　(C)　　　　　　　(D)　　　　　　　　(E)

図3 アルキンの命名法

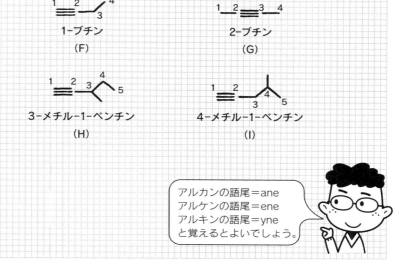

アルカンの語尾＝ane
アルケンの語尾＝ene
アルキンの語尾＝yne
と覚えるとよいでしょう。

- アルケンは炭素数の同じアルカン名の語尾を ane から ene に換える
- 二重結合の位置は炭素鎖の番号で指定する
- アルキンは炭素数の同じアルカン名の語尾を ane から yne に換える

第4章
官能基と有機化合物の種類

有機化合物は胴体部分と頭部分に分けて覚えることができます。頭部分に相当するのが置換基です。置換基を見れば、その化合物のおよその性質を推定することができます。

置換基

有機化合物には多くの種類があり、それぞれが固有の性質と反応性を持ちます。このように個性あふれる有機化合物を1個1個理解し、記憶するのは不可能です。しかし、自然界はうまくできています。個性にも種類があるのです。

1 分子の個性

　全世界には70億の人々が住んでいます。それぞれが個性を持っています。しかし、私たちはあまり戸惑いません。それは、このような人々はこのような性質個性を持っていると知っているからです。日本人は日本人、アメリカ人はアメリカ人です。

　有機化合物も同じです。同じグループの化合物は似た性質、反応性を示します。それでは、互いに異なった有機化合物が、どのグループに属するのか、どうやって見極めたらよいのでしょうか？　これもまた人間と同じです。

　初対面の人を見るときには顔を見ます。そして、その顔からその人の性格、来歴などを判断しようとします。

2 置換基と物性

　有機化合物は人とよく似ています。人に胴体と顔があり、その人の個性が顔に表れるように、有機化合物の場合にも、個性が顕著に表れる部分があるのです。

　それが置換基です。有機化学では分子を「本体部分」と「置換基」に分けて考えます。「本体部分」は人間でいえば「胴体」です。太り過ぎ、痩せすぎ、などはありますが、大した意味はありません。それに対して「置換基」部分は人間の「顔」です。個性がモロに表れます。

　「置換基」は簡単にいえば、原子団です。何種類かの原子が何個か集まって作った原子団なのです。原子団はそれ自体として固有の性質、反応性を持ちます。したがって、その分子がどのような置換基を持っているかを見れば、その分子の性質、反応性を推し量ることができます。その意味で、有機化学は「置換基の化学」といえるのかもしれません。

第4章　官能基と有機化合物の種類

図1　個性は顔に出る

図2　有機化合物の個性は置換基にある

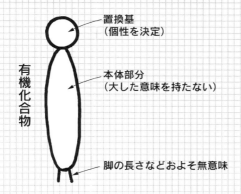

有機化合物の性質、反応性の大部分は置換基によって決定されます。どのような置換基を持っているかが重要です。

ポイント
- 有機化合物は本体部分と置換基に分けて考えることができる。
- 本体部分は人体にたとえれば胴体であり、大きな個性はない。
- 顔に相当するのが置換基である。有機化合物の個性を決定する。

4-2 置換基の種類

一口に置換基といってもいろいろの種類があります。大きくはアルキル基と官能基に分けることができます。分子の性質や反応性を決定するのは官能基です。

1 アルキル基

炭素 C と水素 H が一重結合で結合することによってできた置換基を一般にアルキル基といいます。アルキル基は記号 R で表されることもあります。代表的なものとしてメチル基 $-CH_3$、エチル基 $-CH_2CH_3$ などがあります。簡単にいえば、アルキル基は"人畜無害"のような置換基です。すなわち、分子に対して大きな影響は与えません。

2 ビニル基とフェニル基

前節で見た置換基の働きを遺憾なく発揮するのが官能基です。主な官能基を表1に示しました。

官能基の一つのグループは C と H が二重結合を含む結合によって作り上げたものです。典型的なものにビニル基 $CH_2=CH-$ とフェニル基 C_6H_5- があります。フェニル基はその構造式を見ればわかるように、芳香族化合物であるベンゼン環から派生した置換基であり、これを持った化合物は芳香族化合物と認識されます。その意味で、単なる置換基以上の意味を持つ置換基ということができるかもしれません。

3 ヘテロ原子を持った官能基

ヘテロ原子とは C、H 以外の原子のことをいいます。ビニル基、フェニル基など、C と H だけからできたものを除けば、全ての官能基は C、H 以外のヘテロ原子を持っています。

このような、いわば典型的な官能基にも多くの種類があります。その代表的なのが表1にあります。この表をみると、私たちが何気なく口にする「アルコール」あるいは「エーテル」というものが実際にはどのようなものかがよくわかるのではないでしょうか？

つまり、アルコールやエーテルというのは特定の官能基を持った化合物全般のことをいうのです。そして、その名前で呼ばれる分子は共通の官能基に基づく共通の性質を持っているのです。

第4章 官能基と有機化合物の種類

表1 代表的な官能基[※1,2]

構造	名称	一般式	一般名	例	
—⟨benzene⟩	フェニル基[†1]	R—⟨benzene⟩	芳香族	CH_3—⟨benzene⟩	トルエン
$-CH=CH_2$	ビニル基	$R-CH=CH_2$	ビニル化合物	$CH_3-CH=CH_2$	プロピレン
—OH	ヒドロキシ基	R—OH	アルコール	CH_3—OH	メタノール
			フェノール	⟨benzene⟩—OH	フェノール
$\rangle C=O$	カルボニル基	$\begin{array}{c}R\\R\end{array}\rangle C=O$	ケトン	$\begin{array}{c}CH_3\\CH_3\end{array}\rangle C=O$	アセトン
				⟨Ph⟩$\rangle C=O$⟨Ph⟩	ベンゾフェノン
$-C\begin{smallmatrix}O\\H\end{smallmatrix}$	ホルミル基	$R-C\begin{smallmatrix}O\\H\end{smallmatrix}$	アルデヒド	$CH_3-C\begin{smallmatrix}O\\H\end{smallmatrix}$	アセトアルデヒド
				⟨Ph⟩$-C\begin{smallmatrix}O\\H\end{smallmatrix}$	ベンズアルデヒド
$-C\begin{smallmatrix}O\\OH\end{smallmatrix}$	カルボキシ基	$R-C\begin{smallmatrix}O\\OH\end{smallmatrix}$	カルボン酸	$CH_3-C\begin{smallmatrix}O\\OH\end{smallmatrix}$	酢酸
				⟨Ph⟩$-C\begin{smallmatrix}O\\OH\end{smallmatrix}$	安息香酸
$-NH_2$	アミノ基	$R-NH_2$	アミン	CH_3-NH_2	メチルアミン
				⟨Ph⟩$-NH_2$	アニリン
$-NO_2$	ニトロ基	$R-NO_2$	ニトロ化合物	CH_3-NO_2	ニトロメタン
				⟨Ph⟩$-NO_2$	ニトロベンゼン
$-CN$	ニトリル基（シアノ基）	$R-CN$	ニトリル化合物	CH_3-CN	アセトニトリル
				⟨Ph⟩$-CN$	ベンゾニトリル
$-SH$	チオール基	$R-SH$[†2]	チオール	CH_3-SH[†3]	メタンチオール
$-SO_3H$	スルホン酸基	$R-SO_3H$	スルホン酸	CH_3-SO_3H	メタンスルホン酸

※1 記号"R"は、アルキル基や適当な置換基などの"原子団"を表す便利な記号である。

※2 ヒドロキシ基、カルボキシ基はそれぞれヒドロキシル基、カルボキシル基と呼ばれることもある。

[†1] フェニル基は$-C_6H_5$で表されることも多い。この場合トルエン（メチルベンゼン）は$CH_3-C_6H_5$となる
[†2] メルカプタンとも呼ばれる。　[†3] メチルメルカプタンとも呼ばれる。

置換基は有機化学の基本です。しっかり頭に入れておきましょう。

- 置換基にはアルキル基と官能基がある。
- 官能基にはビニル基、フェニル基とそれ以外がある。
- 前記の「それ以外」のの官能基が重要である。

4-3 アルコール、エーテルの種類と性質

ヒドロキシ基 $-OH$ を持った有機化合物 $R-OH$ を一般にアルコール、また酸素に 2 個の原子団 R が結合した化合物 $R-O-R$ を一般にエーテルと呼びます（図1）。共に有機化合物の重要な一員です。

1 アルコール

一般的にヒドロキ基 $-OH$ を持った化合物をアルコールといいます。ただし、フェニル基などの芳香族環に $-OH$ が結合したものは性質がアルコールと若干異なるので、特にフェノール類として区別して扱います。

アルコールは中性の化合物であり、一般に水に溶けやすく、メタノール CH_3OH やエタノール CH_3CH_2OH は液体であることもあり、任意の割合で水に溶けます。

アルコールの代表はエタノールです。これは全てのお酒に含まれ、これを飲むと中枢神経が麻痺し、幸福感を覚えさせるほか、いろいろと問題のある行動を起こさせます。エタノールは糖類のアルコール発酵によって得られます。

2 フェノール

ベンゼン環に OH 基がついたものを、特にフェノールといいます。アルコールが中性なのに対してフェノールは酸性です。そのため、かつての日本では「石炭酸」と呼ばれ、各種の殺菌剤として使用されました。現在も各種食品の殺菌剤、防腐剤として使用されています。

3 エーテル

酸素原子に 2 個の炭素原子団がついた化合物を一般にエーテルと呼びます。典型的なものは 2 個のエチル基 $-CH_2CH_3$ からなるジエチルエーテルです。「アルコールといえばエタノール」と同じように「エーテルといえばジエチルエーテル」となっています。

ジエチルエーテルは沸点35℃の揮発しやすく、かつ引火爆発性の強い物質です。ジエチルエーテルは全身麻酔薬として用いられましたが、このような危険性のため、少なくとも日本で用いられることはなくなりました。

図1 アルコール、エーテルの種類

○アルコール：R－OH

　エタノール：CH_3CH_2-OH
　　　　　　　お酒の成分，ブドウ糖のアルコール発酵によって生産。

　メタノール：CH_3-OH
　　　　　　　毒物．網膜が破壊されやがて命をおとす。

○フェノール：⌬－OH
　　　　　　　酸性であり，殺菌作用がある。
　　　　　　　殺菌剤，防腐剤として使用。

> フェノールはフェノール樹脂というプラスチックの原料にもなります。

○エーテル　：R－O－R

　ジエチル　：$CH_3CH_2-O-CH_2-CH_3$
　エーテル　　一般にエーテルと言うとジエチルエーテルを指す。
　　　　　　　揮発しやすく，引火性が強いので危険。
　　　　　　　全身麻酔剤として使用されたこともある。

コラム　お酒とアルコール

　全てのお酒にはアルコール（エタノール）が入っています。お酒に含まれるアルコールの体積パーセントを度数といいます。ビールは7度、日本酒は15度、焼酎が25度、ウイスキー、ブランディーは45度ほどです。
　エタノールは酵母によるブドウ糖（$C_6H_{12}O_6$）のアルコール発酵によって作ることができますが、工業的にはエチレンに水を付加させて作ります。エタノールは飲料になるほか、各種有機化合物の合成原料、あるいは洗浄剤、殺菌剤として重要な化合物です。

$$H_2C=CH_2+H_2O \rightarrow CH_3-CH_2-OH$$

- アルキル基にヒドロキシ基－OHが結合したものをアルコールという。
- ベンゼン環に－OHが結合したものをフェノールという。
- 酸素原子に2個の炭素原子団が結合したものをエーテルという。

4-4 ケトン、アルデヒドの種類と性質

カルボニル基＝C＝O を持つものにはケトンのほかにアルデヒドとカルボン酸があります。カルボン酸は有機物の酸として重要なものです。

1 複合基

カルボニル基は2個の結合部位があることから、2個の原子団と結合することができます。2個の炭素原子団と結合したものをケトンといいます。

カルボニル基が1個の水素と結合した置換基をフォルミル基といい、これを持つものをアルデヒドといいます。一方、カルボニル基とヒドロキシ基－OHが結合したものをカルボキシル基といい、これを持つものをカルボン酸といいます。

フォルミル基やカルボキシル基のように、複数個の置換基が合体してできた置換基を複合基といいます（図1）。

2 ケトン

最も簡単なケトンは、カルボニル基が2個のメチル基と結合したアセトンです。アセトンは液体で有機物を溶かす力が非常に強く、そのうえ、水とどのような割合でも溶けるため、各種溶剤（シンナー）や除光液等の成分として利用されます。また、有機化学反応の溶媒（溶剤）としても欠かせません。

2個のフェニル基－C_6H_5と結合したものはベンゾフェノンと呼ばれ、いろいろな化学反応の原料として用いられます（図2）。

3 アルデヒド

アルデヒドは酸化されやすい性質を持つため、他のものから酸素を奪う還元性があります。アルデヒドには有害なものがあり、アセトアルデヒドは二日酔いの原因となります。

また、ホルムアルデヒドはある種のプラスチックの原料ですが、これがシックハウス症候群の原因となります。つまり、ごく微量の未反応ホルムアルデヒドが製品に残り、これがジワジワと沁みだすのです。ホルムアルデヒドの30％ほどの水溶液はホルマリンと呼ばれ、タンパク質を固める作用があるので、生物標本の保存液などに用いられます（図3）。

第4章 官能基と有機化合物の種類

図1 複合基

カルボニル基

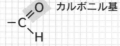
カルボニル基
フォルミル基

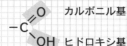
カルボニル基
ヒドロキシ基
カルボキシル基

複合基

図2 ケトン

アセトン

ベンゾフェノン

アセトフェノン

> カルボニル基を持つ化合物は反応性が高いので有機化合物の原料として用いられます。

図3 アルデヒド

ホルムアルデヒド

アセトアルデヒド

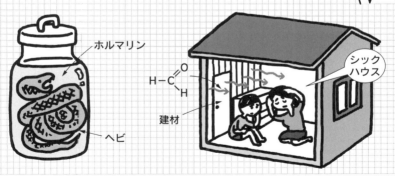

ホルマリン / ヘビ / 建材 / シックハウス

- フォルミル基、カルボキシル基は複合基である。
- アセトンは溶解力が強いのでシンナーの原料となる。
- ホルムアルデヒドはシックハウス症候群の原因物質である。

053

カルボン酸の種類と性質

無機物には塩酸 HCl や硫酸 H_2SO_4 のような酸があります。それと同様に有機物にも酸があります。それがカルボン酸です。一般的にカルボン酸は弱酸です。

1 カルボン酸の種類

　カルボン酸で最もよく知られたものは酢酸でしょう。これは食酢におよそ３％の濃度で含まれます。同じ酸味でも柑橘類や梅干しに含まれる酸はクエン酸です。これは一分子内に３個のカルボキシル基と１個のヒドロキシ基を持ち、少々複雑な構造をしています（図１）。

　アリなどの昆虫が持つ酸は蟻酸であり、最も簡単な構造のカルボン酸です。安息香酸（あんそくこうさん）もよく知られた酸ですが、これは安息香といわれる植物性の香料に含まれていたということからついた名前であり、安息香酸に特別の香りはありません。

2 カルボン酸の性質

　カルボン酸の最大の特徴は酸であるということです。酸の一般的な性質は後の章で詳しく見ますが、簡単にいえば分解して水素イオン H^+ を出すということです。ただし、H^+ を出す性質は塩酸 HCl や硫酸 H_2SO_4 など無機の酸に比べて弱く、そのためカルボン酸は弱い酸であるということができます（図２）。

3 カルボン酸の生成

　アルコールを酸化するとアルデヒドを経てカルボン酸となります。すなわちメタノールを酸化するとホルムアルデヒドを経て蟻酸となります。またエタノールを酸化するとアセトアルデヒドを経て酢酸となります。同様にベンジルアルコールを酸化するとベンズアルデヒドを経て安息香酸になります（図３）。

　お酒を飲むとお酒の成分であるエタノールが体内で酸化酵素によって酸化されて有害なアセトアルデヒドになり、これが二日酔いの原因となります。アセトアルデヒドは更に酸化されれば無害な酢酸になるのですが、酵素が少ない人の場合にはアセトアルデヒドがいつまでも体内に残って強度の二日酔となります。

第4章 官能基と有機化合物の種類

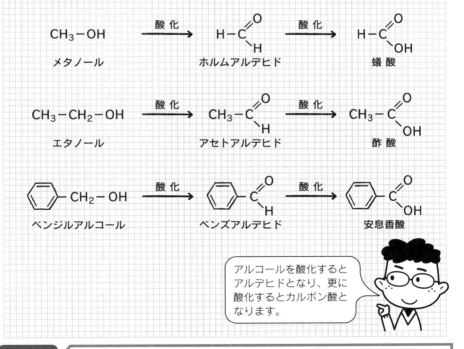

図1	カルボン酸の種類
図2	カルボン酸の性質
図3	カルボン酸の生成

アルコールを酸化するとアルデヒドとなり、更に酸化するとカルボン酸となります。

ポイント
- カルボン酸は有機物の酸であるが無機物の酸より弱い。
- 食酢は酢酸を含み、柑橘類はクエン酸を含む。
- アルコールを酸化するとアルデヒドを経てカルボン酸となる。

4-6 窒素を含む化合物の種類と性質

有機化合物に含まれる元素のうち、炭素と水素を除けば主なものは酸素と窒素です。窒素を含む有機化合物はタンパク質を作るアミノ酸など、生体に多く含まれます。

1 アミン

アミノ基$-NH_2$を含む化合物$R-NH_2$は一般にアミンと呼ばれます。アミンはアンモニアNH_3の仲間と考えることもでき、そのため、悪臭を持つものが多いです。アミンはH^+を取り込んで第四級アンモニウム塩$R-NH_3^+$となるので塩基です。後の章で見るように、タンパク質の原料であるアミノ酸は一分子内に酸の基であるカルボキシル基と、塩基の基であるアミノ基を持つ化合物です。このようなものを一般に両性化合物といいます（図1）。

2 ニトロ化合物

アミノ基$-NH_2$を酸化するとニトロ基$-NO_2$となります。一般にニトロ基を持つものは爆発性の物が多いです。一分子内にニトロ基を3個持つトリニトロトルエン（TNT）は爆弾の原料として有名です。

また、同じくニトロ基を3個持つニトログリセリンは液体ですが、少しの刺激で爆発するほど強い爆発性を持ちます。しかし、珪藻土に吸着させると安定となり、信管などを使わないと爆発しなくなります。この性質を利用したのがダイナマイトです（図2）。

ニトログリセリンは体内に入ると分解して一酸化窒素NOを発生しますが、これは血管拡張作用があるので、ニトログリセリンは狭心症の特効薬として知られています。

3 ニトリル化合物

ニトリル基（シアノ基）$-C\equiv N$を持つものには毒性があることが多いです。有機物ではありませんが青酸カリ（正式名：シアン化カリウム）KCNはサスペンスでよく使われる毒として有名です（図3）。

梅の若い実のタネにはアミグダリンと呼ばれる物質が含まれますが、これにはシアノ基とヒドロキシ基があり、体内に入ると分解して青酸ガス（シアン化水素）HCNを発生します。たくさん食べると事故になる可能性があります。

第4章 官能基と有機化合物の種類

図1 アミン

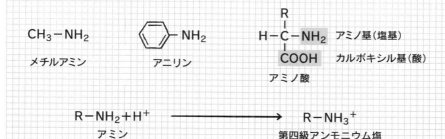

図2 ニトロ化合物

図3 ニトリル化合物

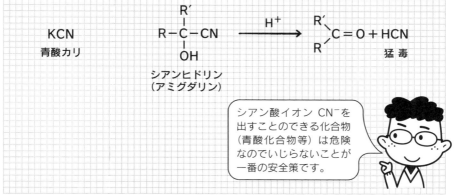

シアン酸イオン CN⁻を出すことのできる化合物（青酸化合物等）は危険なのでいじらないことが一番の安全策です。

ポイント
- アミンは H^+ と結合するので塩基性である。
- ニトロ基を持つものには爆発性を持つものがある。
- ニトリル基を持つものには毒性のあることがある。

057

第5章
有機化学反応

有機化学反応には多くの種類がありますが、互いに密接に関係し合っているので、その関係性を理解することが大切です。そうでないと、無意味な暗記に頼ることになり、労力を無駄にするだけです。

5-1 反応の種類

多くの有機化学反応は2個の分子が衝突することによって起こります。この際、攻撃する分子を試薬、攻撃される分子を基質といいます。

1 一分子反応と二分子反応

化学が他の科学と違う大きな点は、化学は新分子を作ることができるということです。これは家や機械を作ることとは次元が違います。新分子は今まで宇宙に存在しなかった物質です。その意味で化学が行うことは創造といってよいほど意義の大きいことです。中でも有機化学は新分子を作る機会の多い分野です。

化学反応の中には分子が他の分子の力を借りず、自分で勝手に変化して他の分子になるものがあります。このような反応を一分子反応といいます。しかし多くの反応は2個の分子が衝突することによって起こります。このような反応を二分子反応といいます。3個の分子が同時に衝突する確率は非常に小さいので三分子反応は考える必要がありません。

2 試薬と基質

多くの有機化学反応は、試薬が基質を攻撃することによって起こりますが、衝突する2個の分子のうち、どちらを基質とし、どちらを試薬とするかは任意です。一般的に①小さい方、②電荷を持っている方、③ヘテロ原子を持っている方とすることが多いですが、その他に④注目する分子の方、というのもあります。したがって、どれが試薬、どれが基質と厳密に考える必要はありません。

3 求核反応と求電子反応

試薬には、基質の電気的にプラスの部分を攻撃するものと、マイナスの部分を攻撃するものがあります。原子においてプラスの部分は原子核、マイナスの部分は電子雲です。そこで前者を求核試薬といい、その攻撃を求核攻撃といいます。反対に後者を求電子試薬、その攻撃を求電子攻撃といいます。

求核試薬はマイナス電荷や非共有電子対を持っているもの、求電子試薬はプラス電荷を持っている分子が多いです。

第5章 有機化学反応

図1　一分子反応と二分子反応

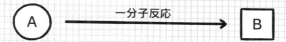

図2　試薬の条件

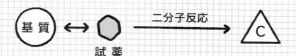

試薬の条件
- 小さい
- 電荷や非共有電子対を持つ
- ヘテロ原子を持つ
- 注目されている

図3　求核反応と求電子反応

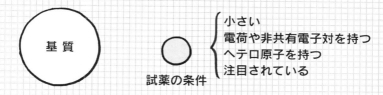

> 求核試薬は基質のプラス電荷部分を攻撃し、求電子試薬はマイナス電荷部分を攻撃します。

 ポイント
- 反応には一分子反応と二分子反応がある。
- 二分子反応は基質と試薬の衝突によって起こる。
- 試薬には求核試薬と求電子試薬がある

061

5-2 反応速度

化学反応には爆発のように瞬時に進行する速い反応も、釘が錆びるようにゆっくりと進行する反応もあります。化学反応が進行する速度を反応速度といいます。

1 濃度変化

図1は反応 A→B における出発物質 A と生成物 B の濃度変化を表したものです。A の濃度 [A] は時間とともに減少し、代わりに [B] が増加します。そして両者の和は常に A の最初の濃度、すなわち初濃度 $[A]_0$ に等しくなっています。

[A] の減少速度、あるいは [B] の増加速度の速い反応が反応速度の速い反応ということになります。つまり、図2において曲線 k_1 に相当する反応は速い反応であり、k_2 に相当するのは遅い反応ということになります。

2 反応速度式

一分子反応 A→B の反応速度 v は式1で表されます。つまり、反応速度は出発物質 A の濃度〔A〕に比例するのです。このような反応を一般に一次反応といいます。この式で係数 k は速度定数と呼ばれ、速度定数の大きい反応ほど反応速度の速いことを表します。

一方、二分子反応 A+B→C の反応速度は式2で表されます。つまり、反応速度は二つの出発物質 A と B の濃度の積に比例するのです。このような反応を二次反応といいます。

3 半減期

図3は一次反応の濃度変化を表したものです。反応が開始する前の A の濃度を100（％）とすると、ある時間 $t_{1/2}$ が経つとその濃度は半分の50になります。

このように濃度が半減するまでに要する時間を半減期（t）といいます。時間が半減期の2倍、すなわち $2t$ 経つと濃度は0になるのではなく、50の半分、すなわち25になります。そして $3t$ 経つと $(1/2)^3=1/8$ の12.5となるのです。

半減期は反応速度を定量的に表すわかりやすい指標です。

第5章 有機化学反応

図1 反応 A → B における濃度変化

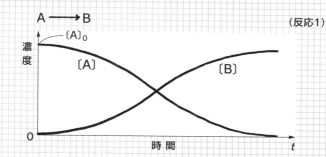

(反応1)

図2 反応速度

$A \longrightarrow B \quad v=k[A]$ ……(1)

$A + B \longrightarrow C \quad v=k[A][B]$ ……(2)

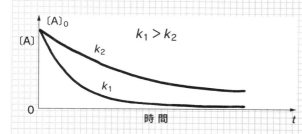

$k_1 > k_2$

> 出発物質Aが早くなくなるのが、速い反応であり、Aがいつまでも残っているのが遅い反応です。

図3 一次反応の濃度変化

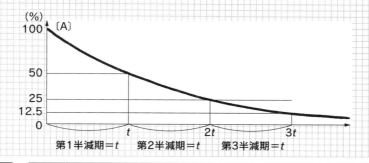

第1半減期 = t　第2半減期 = t　第3半減期 = t

ポイント

- 反応の速度を反応速度といい、その大小は速度定数 k で表される。
- 反応速度は出発物質の濃度で表される。
- 出発物質の濃度が最初の半分になるのに要する時間を半減期という。

5-3 反応エネルギー

化学反応は出発分子が変化するものです。しかしそれだけではありません。エネルギーも変化しているのです。化学反応には"物質変化"と"エネルギー変化"の二面があります。これは非常に重要なことです。

1 内部エネルギー

分子はエネルギーを持っています。それは結合エネルギー、結合の伸縮や回転に伴う運動エネルギー、あるいは結合角度のひずみによるひずみエネルギー、更には電子や原子の持つ電子エネルギーなど多様です（図1）。

その総エネルギーの内訳は現代科学をもってしても解き明かすことはできません。分子の持つエネルギーのうち、重心の移動に基づくもの以外を内部エネルギーといいます。

2 発熱反応

化学反応は簡単にいえば、出発分子Aが生成分子Bに変化する反応です。分子が変化すればその内部エネルギーも変化します（図2）。

AがBよりも高エネルギーならば、反応進行に伴ってそのエネルギー差ΔEは外部に放出されます。このような反応を発熱反応といい、ΔEを反応エネルギーといいます。ΔEは多くの場合は熱になり、周囲を暖めることもありますが、光として放出されることもあります。このような反応は発光反応と呼ばれます。炭が燃えるときに熱くなるだけでなく赤く輝くのはそのエネルギーの一部が光エネルギーとして放出されていることによるものです。

3 吸熱反応

反対にAがBよりも低エネルギーならば、反応が進行するためには外部からそのエネルギー差ΔEを吸収しなければなりません。このような反応を吸熱反応といいます。ΔEはやはり反応エネルギーです。この反応では周囲は熱を奪われるので冷たくなります。

ΔEが光エネルギーとして供給される反応は、特に光化学反応と呼ばれます。この反応では生成物が熱反応の場合とは異なることが多いので、研究的にも産業的にも注目されています。

第5章　有機化学反応

図1　分子の持つエネルギー

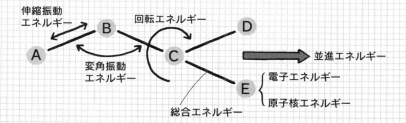

図2　化学反応と分子の内部エネルギーの変化

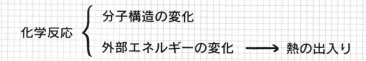

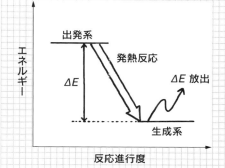
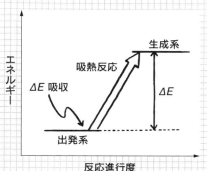

化学反応は"エネルギー変化"だということをしっかりと頭脳にインプットして下さい。

- 分子は固有のエネルギーを持っている。それを内部エネルギーという。
- 反応に伴ってエネルギーを放出する反応を発熱反応という。
- 反応に伴ってエネルギーを吸収する反応を吸熱反応という。

5-4 遷移状態と活性化エネルギー

炭を燃やすと熱が出ます。しかし、炭を燃やすためにはマッチで火をつけて熱を供給しなければなりません。これはどういうことでしょうか。

1 有機化学反応のエネルギー

有機化学反応の多くは室温では進行しません。もし室温で進行するものならばそのような反応は遠の昔に進行してしまっているはずであり、世の中は現在とはかなり違ったものになっていたに違いありません。

それでは有機化学反応を進行するためには、いつでも外部からエネルギー（熱）を供給しなければならないのでしょうか？そうではありません。生物は食物を食べ、それを体内で消化、代謝という化学反応を行わせることによって生命を維持するエネルギーを得ています。

2 遷移状態と活性化エネルギー

炭（炭素 C）を燃やして二酸化炭素 CO_2 にすると熱が出ます。つまりこの反応は発熱反応です。しかし炭を燃やすためには外部から熱を供給しなければなりません。発熱する反応を進行させるために熱を加えなければならない。自己矛盾ではないでしょうか？

ここにはカラクリがあります。炭の燃焼反応 $C + O_2 \rightarrow CO_2$ では、出発系 $C + O_2$ のエネルギーが生成系 CO_2 より高エネルギーです。したがって反応が進行すればエネルギー差 ΔE が反応エネルギーとして放出されます。

しかし、この反応は思ったよりも複雑な反応であり、反応の途中で C と O_2 は反応して図1に示した三角形の結合状態を取ります。この状態は不安定で高エネルギーなのです。このような状態を一般に遷移状態といいます。

つまり、この遷移状態になるためにはエネルギー差 E_a を外部から吸収しなければならないのです。E_a を活性化エネルギーといいます。

有機化学反応の多くは加熱しなければ進行しませんが、それは反応自体が吸熱反応であるということではなく、活性化エネルギーが必要という理由が大きく働いています。触媒や酵素は遷移状態を変化させ、活性化エネルギーを低下する働きがあることが明らかになっています。

図1 遷移状態と活性化エネルギー

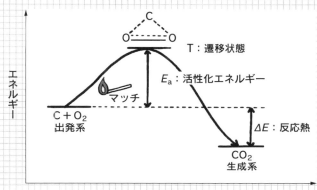

図2 触媒と遷移状態

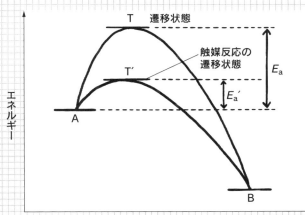

触媒は出発物質 A と反応して特殊な遷移状態 T' を作ります。T' は正規の遷移状態 T より低エネルギーなので、活性化エネルギー E'_a も小さくなり、反応が進行しやすくなるのです。

- 化学反応の多くは反応の途中に高エネルギーの遷移状態を経由する。
- このために要するエネルギーを活性化エネルギーという。
- 触媒や酵素は活性化エネルギーを低下する効果を持つ。

5-5 逐次反応の反応速度

有機化学反応で一旦生成した生成物の多くは、時間が経つと更に反応して別の生成物に変化します。このような反応を逐次反応といいます。

1 中間体と遷移状態

A→B→C→…というように何段階もの反応が連続する反応を全体として逐次反応といいます。それに対してA→B、B→C等の各段階を素反応といいます。逐次反応を構成する素反応は各々独立していますから、それぞれ固有の速度定数と遷移状態を持っています。

図1はそのエネルギー関係を表したものです。この図1でB、Cは途中の段階で生じる生成物であると同時に、次の反応の出発物です。このようなものを一般に中間体といいます。中間体はエネルギー極小の状態にあります。そのため、中間体を単離することは可能です。

それに対して、遷移状態 T_1、T_2…は全てがエネルギー極大の状態にあります。したがって、遷移状態を単離することは原理的に不可能です。

2 律速段階

逐次反応 A→B→C→D において、第1段階 A→B は10分で終了し、第2段階 B→C は1秒、第3段階 C→D は10時間かかったとしましょう。この場合、全体の反応時間10時間10分1秒を大きく決定しているのは、最も遅い第3段階です。

このように、最も遅い段階を、速度を律する段階ということで律速段階といいます。グループワークのときに最もグズな男を律速段階というのと同じです。

3 逐次反応の濃度変化

図2は逐次反応 A→B→C の濃度変化です。図Ⅰは $k_1 < k_2$、図Ⅱは反対に $k_1 > k_2$ です。図Ⅰの場合には、Bが生成してもすぐにCに変化してしまいます。そのため、Bは実際には系内に存在することはありません。

それに対してⅡの場合には、Bの濃度に極大が生じます。もし、目的とする生成物がBの場合には、反応をどの時点で止めるかが重要になります。時間が遅れるとBはなくなり、全てがCになってしまいます。

第5章　有機化学反応

図1　中間体と遷移状態

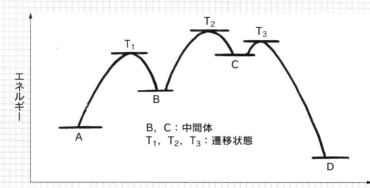

B，C：中間体
T_1，T_2，T_3：遷移状態

中間体はエネルギー極小状態なので、単離できる、しかし遷移状態はエネルギー極大状態なので単離できない。これは決定的に重要なことです。

図2　逐次反応の濃度変化

$$A \xrightarrow{k_1} B \xrightarrow{k_2} C$$

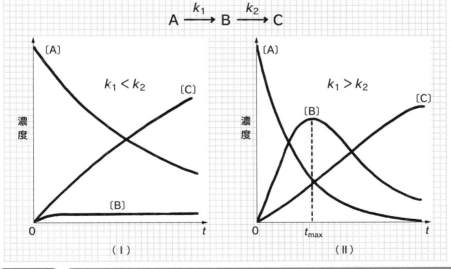

- 反応が何段階にも渡って連続する反応を逐次反応という。
- 中間体はエネルギー極少、遷移状態はエネルギー極大の状態である。
- 逐次反応において最も遅い段階を律速段階という。

069

酸・塩基

有機化合物にも酸、塩基が存在し、生体で重要な働きをしています。酸、塩基とはどういうもので、どういう性質を持っているのでしょうか？

1 酸・塩基の定義

酸・塩基衣の定義には三種あります。有機化学でよく用いられる定義はブレンステッドによるもので、

酸：水素イオン H^+ を出すもの

塩基：H^+ を受け取るもの

というものです。この定義の特徴は水酸化物イオン OH^- を使わないということです。そのため、水溶液でなくても用いることができます。つまり、水に溶けない有機物を考えるときに最適な定義なのです。

2 有機物の酸・塩基

有機物の酸は先に見たカルボン酸 $R-COOH$ です。そのほかにフェノール C_6H_5OH も酸です。これらはいずれも分解して H^+ を放出します。一方、塩基はアミン $R-NH_2$ が典型です。アミンは H^+ を受け取って第四級アンモニウム塩 $R-NH_3^+$ となります。

3 酸・塩基の強さ

酸の強弱とは H^+ を出す力の強弱をいいます。反対に塩基の強弱は H^+ をつかまえる力の強弱です。

酸・塩基の尺度というと、塩素イオン指数 pH が有名です。しかしこれは溶液中における H^+ の濃度を表すものです。酸の強弱とは関係ありません。つまり、強酸でも濃度が薄ければ pH の数値は大きくなり（H^+ が少ない）、弱酸でも濃度が濃ければ pH の数値は小さくなります（H^+ が多い）。

酸・塩基には強いものも弱いものもあります。酸の強さを表すには酸解離指数 pK_a、塩基の強さを表すには塩基解離指数 pK_b があるのですが、最近は、塩基に関してはその第四級アンモニウム塩を用いて、両方とも pK_a で表すのが主流のようです。この場合、pK_a の数値が小さいほど強酸、大きいほど強塩基ということになります。

有機の酸、塩基はいずれも無機の酸、塩基に比べて弱いものばかりです。

第5章 有機化学反応

$$酸 \quad AH \longrightarrow A^- + H^+$$

$$塩基 \quad B + H^+ \longrightarrow BH^+$$

$$カルボン酸 \quad R-COOH \longrightarrow R-COO^- + H^+$$

フェノール C₆H₅-OH ⟶ C₆H₅-O⁻ + H⁺

$$アミン \quad R-NH_2 + H^+ \longrightarrow R-NH_3^+$$

ブレンステッドの定義によれば、H^+をだすものが酸、H^+を受け取るものが塩基となります。

有機酸のpka	
Cl_3CCOOH トリクロロ酢酸	0.66
$Cl_2HCCOOH$ ジクロロ酢酸	1.30
ClH_2CCOOH クロロ酢酸	2.68
$H-COOH$ 蟻酸	3.55
C_6H_5COOH 安息香酸	4.21
CH_3COOH 酢酸	4.76
CH_3CH_2COOH プロピオン酸	4.67

第四級アンモニウム塩のpka	
$C_6H_5NH_3^+$ アニリン	4.63
NH_4^+ アンモニア	9.25
$CH_3NH_3^+$ メチルアミン	10.6
$(CH_3)_2NH_2^+$ ジメチルアミン	10.7
$(CH_3)_3NH^+$ トリメチルアミン	9.8

● H^+を出すものを酸、H^+を受け取るものを塩基という。
● 有機物の酸はカルボン酸、塩基はアミンが代表的である。
● 酸、塩基の強弱は酸解離指数、塩基解離指数によって表される。

5-7 酸化・還元

酸化・還元は無機化学にとってばかりでなく、有機化学にとっても重要な反応です。有機化合物にとって酸化・還元とはどのような現象をいうのでしょうか？

1 酸化数

酸化還元は酸化数で考えるのが最も単純明快です。ここは有機化学ですから、簡単に酸化数の決め方の説明をしておきましょう。それは

① 単体の酸化数 = 0
② イオンの酸化数 = イオン価数
③ 化合物中の H、O の酸化数はそれぞれ 1、－2
④ 電気的に中性な化合物を構成する全原子の酸化数の和 = 0

というものです。

この酸化数を用いると、酸化・還元は次のようにいうことができます。

○酸化数増加：その原子は酸化された。
○酸化数減少：その原子は還元された。

2 有機物の酸化・還元

原理的に考えると、酸化・還元は電子の移動反応です。しかし、実際の反応に即して考えると、酸素、水素との反応になります。酸素と結合したら酸化されたのであり、水素と結合したら還元されたことになります。

エタン CH_4、メタノール CH_3OH、ホルムアルデヒド $HCHO$、蟻酸 $HCOOH$ の各炭素の酸化数を、④にしたがって計算すると図１のようになります。分子中の酸素原子の個数が増えると炭素の酸化数が上昇し、酸化されていくことがよくわかります。比較のために一酸化炭素と二酸化炭素の計算も入れておきました。

水素との反応についてはアセチレン $HC\equiv CH$、エチレン $H_2C=CH_2$、エタン H_3C-CH_3 の例を挙げました。この順序にしたがって分子中の水素数が増えていきます。そして炭素の酸化数が減少し、炭素が還元されていくのがよくわかります。

このように有機化学では酸化・還元を酸素との反応だけで考えるのではなく、水素の反応でも考えることが重要となります。

図1 有機物の酸化・還元と酸化数

炭素の酸化数を x とすると

メタン	CH_4	$x+4=0$	$x=-4$
メタノール	CH_3OH	$x+4-2=0$	$x=-2$
ホルムアルデヒド	$HCHO$	$x+2-2=0$	$x=0$
一酸化炭素	CO	$x-2=0$	$x=2$
蟻酸	$HCOOH$	$x+2-4=0$	$x=2$
二酸化炭素	CO_2	$x-4=0$	$x=4$

上向き:還元された / 下向き:酸化された

アセチレン	$HC \equiv CH$	$2x+2=0$	$x=-1$
エチレン	$H_2C=CH_2$	$2x+4=0$	$x=-2$
エタン	H_3C-CH_3	$2x+6=0$	$x=-3$

上向き:酸化された / 下向き:還元された

炭素の酸化数を x とし、④に従って計算

酸素と結合 / 水素を放出 / 電子を放出 } 酸化された

酸素を放出 / 水素を結合 / 電子を受容 } 還元された

炭素が酸化された反応は
　炭化水素→アルコール→アルデヒド→カルボン酸
炭素が還元された反応は上記の逆と覚えるのが簡単でしょう。

- 酸化・還元は酸化数で考えるのが単純明瞭である。
- 酸素と結合、あるいは水素を放出したら、その原子は酸化された。
- 酸素を放出、あるいは水素と結合したら、その原子は還元された。

第6章
飽和化合物の性質と反応

飽和炭素、sp³ 炭素の起こす反応には置換反応と脱離反応があります。反応機構を見ると、置換反応には S_N1、S_N2 の二種があり、脱離反応にも E_1 と E_2 の二種があることがわかります。

6-1 光学異性体

飽和化合物の反応で問題になるのは飽和炭素、すなわち sp³ 混成炭素の結合状態です。光学異性体という、非常に大きい問題が存在します。

❶ 光学異性体の構造

　光学異性体は、分子式は CWXYZ と同じなのに、構造式が異なる二つの化合物のことをいいます。光学異性体は、化学的性質はまったく同じなのに、光学的性質と生物に対する性質がまったく異なるのです。

　図1の A、B はいずれも炭素 C に4個の互いに異なる原子団 W、X、Y、Z が結合した化合物です。このような炭素を特に不斉（ふせい）炭素といいます。図1では結合に実線、点線、クサビ線が使われています。実線は紙面に乗っています。点線は紙面から奥に伸びます。そしてクサビ線は紙面から手前に飛び出します。

　このような約束のもとで A、B を見ると、それぞれの立体構造が見えてきます。そこで、A、B それぞれを頭の中で回転させて、両者が重なるかどうか試して下さい。決して重なりません。つまり A と B は異なる化合物、異性体なのです。

　A を鏡に映すと B になります。B を映せば A になります。この関係は右手と左手の関係と同じです。このような関係が生じるのは sp³ 混成の炭素が正四面体構造を採ることによるものです。このような関係にある異性体を光学異性体といいます。

❷ 光学異性体の性質

　光学異性体は天然物にたくさんあります。私たちの体を作っているタンパク質は図2に示したアミノ酸という分子が多数個結合したものですが、このアミノ酸が光学異性体を持つのです。

　光学異性体の化学的性質はまったく同じです。したがって、両者を化学的手段で分離することはできません。それどころか化学的手段でこの化合物を合成すると、A と B の1：1混合物ができてしまいます。この混合物をラセミ体（ラセミ混合物）といいます。ラセミ体を成分の A、B に分離することをラセミ分割といいますが、化学的に分離することは不可能です。

第6章 飽和化合物の性質と反応

図1 不斉炭素

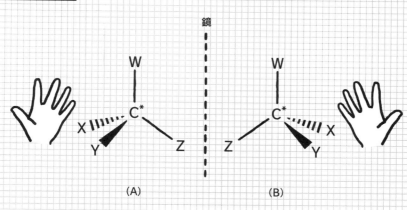

(A)　　　(B)

図2 アミノ酸の光学異性体

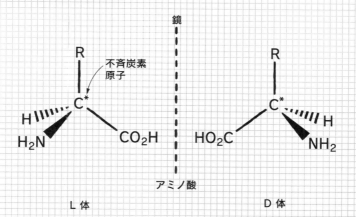

L体　　　D体

> タンパク質はアミノ酸からできています。しかしアミノ酸にはL体とD体の光学異性体が存在します。ところが天然のタンパク質は全てがL体のアミノ酸からできているのです。この理由は現代科学でも解明できません。

- 4個の互いに異なる置換基を持った炭素を不斉炭素という。
- 不斉炭素には光学異性体が発生する。
- 光学異性体の化学的性質は同じだが、光学的、生理学的性質が異なる。

光学異性体の光学的性質と生理学的性質

光学異性体それぞれに偏光を通すと、両方の異性体は偏光の振動面を互いに逆方向に同じ角度だけ回転させます。また、生物に対する影響もまったく異なります。タンパク質は片方の異性体だけからできているのです。

1 旋光性

光は電磁波であり、振動面を持っています。普通の光は無数の方向の振動面を持つ光の集まりです。しかしこの光をスリットに通すと、振動面の揃った光だけを分け取ることができます。このような光を偏光といいます（図1）。

偏光を光学異性体の片方のAを通過させると振動面が右方向にα度回転します。偏光を回転させる能力を旋光性といい、角度αを旋光度といいます。そして、偏光面を回転させることを光学活性といいます。

ところが、同じ偏光をもう片方の光学異性体Bに通過させると、振動面が反対の左側に同じ角度α度だけ回転するのです。したがってBも光学活性です。ところがラセミ体は回転しません。このような化合物を光学不活性な化合物といいます（図2）。

2 生理学的性質

1960年代初頭、世界中に不思議な障がいを持つ赤ちゃんがたくさん誕生しました。腕がなく、肩に直接手がつくのです。その形からアザラシ肢症と名づけられました。その総数は3900人に上ります。

この原因は、睡眠薬サリドマイドの副作用によるものであることが明らかになりました。サリドマイドの分子構造は図3に示したものであり、分子中に不斉炭素があり、したがって光学異性体が存在します。この異性体の片方は睡眠作用を持つのですが、もう片方が恐ろしい催奇形性を持っていたのです。

ところが、製薬会社は両者を分離せず、混合物（ラセミ体）のまま市販してしまったことから生じた悲劇でした。しかし、両者を分離すること（ラセミ分割）は化学的にたいへんなことです。さらに、サリドマイドは特殊な構造であり、たとえ分離して片方だけを服用したとしても半日（10時間）も経つと体内で化学変化を起こし、ラセミ体に変化するのです。

第6章 飽和化合物の性質と反応

図1 偏光

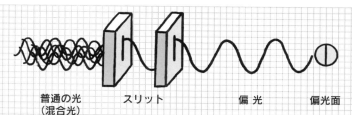

普通の光　　スリット　　　偏光　　偏光面
（混合光）

図2 光学不活性な化合物

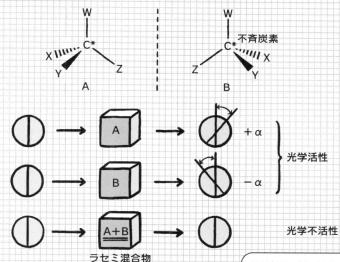

ラセミ混合物

サリドマイドにはAとBの光学異性体が存在します。片方は無害でもう片方が有害なのです。しかし、Aを服用してもBを服用しても体内に入ると、AとBの混合物に変化してしまうのです。

図3 サリドマイドの分子構造

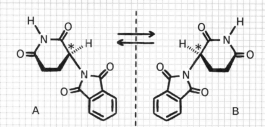

ポイント
- 光学異性体は偏光の振動面を互いに反対方向に回転する。
- ラセミ体は振動面を回転しないので光学不活性である。
- 光学異性体は生物に対する影響が大きく異なる。

6-3 一分子求核置換反応：S_N1反応

ある置換基が他の置換基に置き換わる反応を置換反応といいます。化学式で書くとこのうえないほど簡単な反応ですが、内容は結構複雑です。有機化学反応は見かけほど単純ではないという意味で教育的？な反応です。

1 置換反応

置換反応は図1に示したように、出発物質1の置換基 X が他の置換基 Y に置き換わるもので、最も基本的な有機化学反応の一つですが、実は奥深い反応です。化学反応がいかに進行するのかを表したものを反応機構といいますが、置換反応にはいくつかの反応機構が知られています。ここでご説明する一分子求核置換反応 (monomolecular nucleophilic substitution reaction) S_N1反応は、前章で見た一分子反応と求核反応を組み合わせた置換反応です。

2 S_N1反応の反応機構

反応機構は図2に示したとおりです。出発物質として不斉炭素を持つ物質、すなわち光学活性な3を用いましょう。まず3が置換基 X を X^- として放出し、自身は陽イオン4となります。この段階は3が誰の力も借りず、自分自身で（勝手に）変化する反応なので一分子反応です。すると X のとれた跡の炭素はそれまでの sp^3 混成から sp^2 混成に変化し、陽イオン5となります。5は sp^2 混成であり、3個の置換基は混成軌道に結合するので、分子の形は平面形となります。

ここに新しい置換基 Y^- が5を求核攻撃して生成物となるのですが、攻撃は図2に示したように平面分子の左右両側から同じ確率で起こります。この結果、立体的に異なる二種の生成物6と7が1：1の比で生成することになります。

3 光学異性体

6と7の構造を比較すればわかるように、これらは光学異性体の関係にあります。したがって6と7の1：1混合物はラセミ体であり、旋光性を持たない光学不活性物質なのです。

つまり S_N1 反応では、光学活性な出発物質（3）から光学不活性な生成物（6と7の1：1混合物）が生じるのです。この原因は反応の途中に生じる陽イオン5が平面形であることに原因があります。

第 6 章　飽和化合物の性質と反応

図1　置換反応

$$R-X + Y^- \longrightarrow R-Y + X^-$$
　　　1　　　　　　　　　2

図2　S_N1反応の反応機構

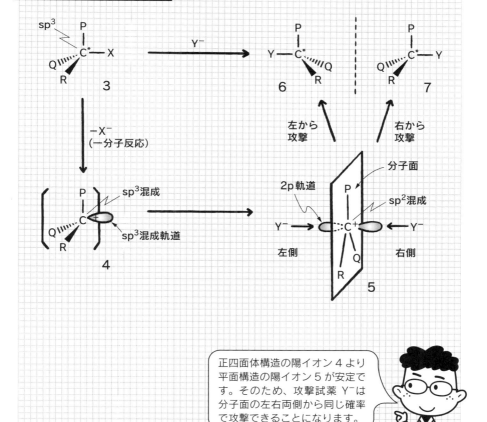

> 正四面体構造の陽イオン4より平面構造の陽イオン5が安定です。そのため、攻撃試薬 Y^- は分子面の左右両側から同じ確率で攻撃できることになります。

ポイント
- 出発物質の置換基が別の置換基に置き換わる反応を置換反応という。
- 出発物質の陽イオンを経由する置換反応を S_N1 反応という。
- S_N1 反応では光学活性な出発物質が光学不活性な生成物を与える。

二分子求核置換反応：S$_N$2反応

出発物質と、新しく置換基になる陰イオンが直接衝突することによって進行する置換反応を、二分子求核置換反応 S$_N$2反応といいます。

1 S$_N$2反応の反応機構

ここでも不斉炭素を持つ光学活性な物質1を出発物質として反応機構を見ていきましょう（図1）。

同じ置換反応であるにもかかわらず、S$_N$1とS$_N$2ではその反応機構がまったく異なります。S$_N$2反応では、出発物質1と新しく置換基になるY$^-$が衝突することによって反応が進行します。このように、2個の分子が衝突する二分子反応なので、この反応を二分子求核置換反応というのです。

ただし、反応が進行するためには、Y$^-$の攻撃に条件があります。それは1を攻撃する際に、置換基Xの反対側から炭素を攻撃しなければならないというものです。このような攻撃によって生成するのが遷移状態2です。

2 遷移状態の構造

2の結合状態は変わっています。炭素はsp^{2}混成です。そしてp軌道に2個の置換基XとYが結合しています。もちろん、この結合は正規の結合ではありません。非常に弱い結合です。安定な生成物になるためにはC−XかC−Y結合のどちらかは切れなければなりません。

C−Y結合が切れれば出発物質に戻るだけです。新しい生成物になるためにはC−X結合が切れなければなりません。この結果、生成物3が生じます。

3 ワルデン反転

生成物3は1と同じように不斉炭素を持っています。しかもS$_N$1反応の場合と違い、ラセミ体になっていません。したがってS$_N$2反応では光学活性な出発物質（1）から、同じように光学活性な生成物（3）が生じます。

しかし、1と3の立体配置を見てください。風に煽られたコウモリ傘のように配置が逆転しています。この逆転を、発見した人の名前を取ってワルデン反転と呼びます。

第6章 飽和化合物の性質と反応

図1　S$_N$2反応の反応機構

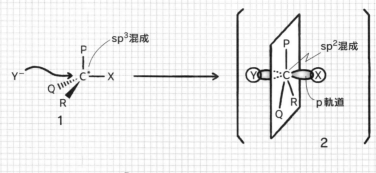

図2　ワルデン反転

出発物質を攻撃するY$^-$は脱離するXの反対側から、Xを追い出すように攻撃しなければなりません。

- 2個の分子が衝突することによって起こる反応をS$_N$2反応という。
- S$_N$2反応では光学活性な原料から光学活性な生成物が生じる。
- S$_N$2反応では原料の立体配置がワルデン反転によって逆転する。

6-5 脱離反応

出発物質から小さな分子が抜け出して、その跡が二重結合になる反応を脱離反応といいます。脱離反応にも一分子で進行する E_1 反応と二分子で進行する E_2 反応があります。

1 一分子脱離反応：E_1 反応

図1は脱離反応の一般式です。出発物質1から小さな分子 XY が取れて、その跡が二重結合になった生成物2が生じています。XY が水分子 H–OH の場合には特に脱水反応といわれます。

脱離反応にも一分子で進行する一分子脱離反応（monomolecular elimination reaction）E_1 反応と、二分子の衝突によって進行する二分子脱離反応 E_2 反応の二種類があります。

E_1 反応は S_N1 反応の変形と見ることができます。まず出発物質1から置換基（脱離基）X が X^- として外れて陽イオン3が生成します。3はこの反応における中間体に相当します。

ついで3からもう一つの置換基あるいは水素 H が Y^+ あるいは H^+ として脱離します。このようにして生成物2が生じます。この反応は① X^- の脱離、② H^+ の脱離と、反応が二段階で進行するので逐次反応であり、二段階反応です。

ここで生じた陽イオン3は S_N1 反応における陽イオンと同じものです。つまり、途中で生じた陽イオンに新しい置換基 Y が結合すれば S_N1 反応となり、陽イオンからさらに陽イオンが脱離すれば E_1 反応になるのです。

2 二分子脱離反応：E_2 反応

E_2 反応の反応機構は S_N2 反応によく似ています。E_2 反応では出発分子1を陰イオン B^- が攻撃します。ただし、その攻撃位置は脱離基 X のついている炭素の隣の炭素についている置換基 Y、あるいは水素 H です。

簡単にするために、H が攻撃される例で見てみましょう。B^- に攻撃された H は BH となって脱離します。それと同時に X が X^- となって脱離し、生成物2となるのです。

このように一連の反応が途切れずに進行する反応を協奏反応ということがあります。協奏反応では中間体は生成しません。

第6章 飽和化合物の性質と反応

図1 脱離反応

$$\underset{1}{R_2\overset{X}{\underset{|}{C}} - \overset{Y}{\underset{|}{C}}R_2} \xrightarrow[\text{脱離反応}]{-XY} \underset{2}{R_2C = CR_2}$$

$$R_2\overset{OH}{\underset{|}{C}} - \overset{H}{\underset{|}{C}}R_2 \xrightarrow[\substack{\text{脱離反応}\\(\text{脱水反応})}]{-H_2O} R_2C = CR_2$$

図2 E_1反応とE_2反応

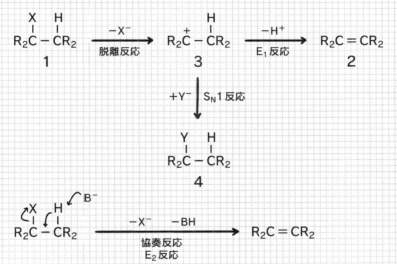

最初に脱離基 X が外れるのが E_1 反応、B^- の攻撃によって H と X^- が同時に外れるのが E_2 反応と覚えればよいでしょう。

- 大きな分子から小さな分子が抜け出る反応を脱離反応という。
- 陽イオン中間体を経由する脱離反応を E_1 反応という。
- B^- の攻撃によって協奏的に進行する反応を E_2 反応という。

085

第7章
不飽和化合物の性質と反応

二重結合や三重結合を持った不飽和化合物は付加反応や、酸化、還元反応を起こします。付加反応にはシス付加、トランス付加、環状付加反応などがあります。

シス付加反応

二重結合に他の分子が結合して、二重結合が一重結合に変化する反応を付加反応といいます。基礎的なものとしてシス付加とトランス付加があります。

1 シス付加とトランス付加

　三重結合化合物1に分子 XY が付加するときには、XY が二重結合の同じ側についたシス付加体2と、反対側についたトランス付加体3が生じる可能性があります。2を与える反応をシス付加反応、3を与える反応をトランス付加反応といいます。

　1にニッケル Ni 等の金属を触媒として水素分子 H_2 を付加させる接触還元反応は、シス付加反応であることが知られています。

2 金属の触媒作用

　金属はいろいろの触媒作用を持つことが知られています。接触還元において、金属がどのように作用するのかを見てみましょう。

　金属は多くの金属原子が積み重なったものです。簡単にするため、金属原子をサイコロ状としましょう。すると、金属結晶の内部の原子は前後左右上下、計6個の原子と結合しています。しかし、結晶表面の原子は5個としか結合していません。つまり、結合の手を1本余らしているのです（図2）。

　ここへ水素分子がやってくると、金属原子は水素分子と緩い結合を作ります。すると、水素分子の元々の結合は緩くなります。つまり、水素分子は結合の緩んだ不安定な状態、すなわち、反応しやすい状態になります。このような状態の水素を活性水素といいます。

　つまり、接触還元における金属の触媒作用は、この活性水素を作ることにあるのです。

3 接触還元の反応機構

　金属表面にいる活性水素の近くに化合物1がやってくると、活性水素は待ってましたとばかりに1と反応します。このときには、水素分子の2個の水素原子はいずれも1の同じ側に反応することになります。つまり、反応はシス付加になるのです（図3）。

第7章 不飽和化合物の性質と反応

図1 シス付加反応とトランス付加反応

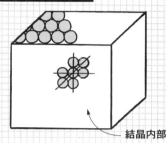

シス体 2 / トランス体 3

図2 金属の触媒作用

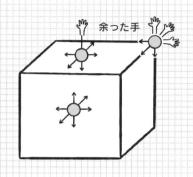

余った手／結晶内部

図3 金属表面の活性水素と化合物の反応

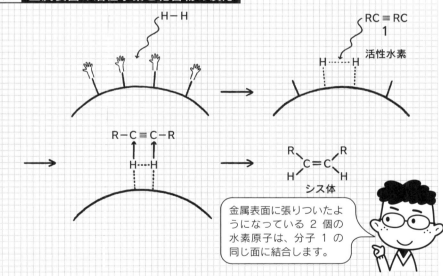

> 金属表面に張りついたようになっている2個の水素原子は、分子1の同じ面に結合します。

ポイント
- ●二重結合への付加反応にはシス付加とトランス付加がある。
- ●接触還元では金属は活性水素を作って触媒作用をする。
- ●接触還元では水素は還元される分子の片側から攻撃する。

089

トランス付加反応

トランス付加でよく知られているのは臭素分子 Br_2 の付加反応です。この反応は特殊な構造の陽イオン（ブロモニウムイオン）を経由して進行します（図 1）。

1 ブロモニウムイオン

　臭素の付加反応は臭素分子がイオン的に解離することから始まります。つまり臭素の陽イオン Br^+ と陰イオン Br^- が生成するのです。Br^+ は最外殻、N 殻の 4p 軌道の 5 個の電子のうち 1 個を放出した状態なので、p 軌道に 4 個の電子しかありません。つまり、1 個の p 軌道は空の状態になっています。

　反応はこの Br^+ が二重結合に付加することから始まります。このとき Br^+ は、分子 1 の二重結合を構成する炭素の 2 個の 2p 軌道に、橋を架けるようにして結合します。このようにしてできたイオン 2 をブロモニウムイオンといいます。このようなイオンは他のハロゲン原子（X）も作ることがあり、そのようなイオンを一般にハロニウムイオンといいます。

　ハロニウムイオンは簡単のため、図のような三角形のイオンとして表現されることがあります。

2 トランス付加の反応機構

　臭素付加反応の二段階目の反応は、一段階目の反応でできたブロモニウムイオンに Br^- が付加することです。しかし、このときには、分子 1 の二重結合の片側はブロモニウムイオンを作って塞がっています。つまり、Br^- は Br^+ が攻撃した側とは反対の側からしか攻撃できないのです。

　この結果、2 個の Br は 1 個は二重結合の上側、もう 1 個は下側、とトランス付加し、トランス付加体 2 が生成することになります。

　しかし 2 の C–C 結合は一重結合ですから回転できます。これを 180 度回転すると、一見シス付加でできた生成物のような 4 となります。しかし、臭素が 1 にシス付加したとすると、その場合の生成物は 5 および 6 となります。置換 R_1～R_4 の配置を見ればわかるように、これは 4 とは異なる化合物です。

　このことから、臭素付加はトランス付加で進行することが証明されます。

第7章 不飽和化合物の性質と反応

図1　トランス付加反応

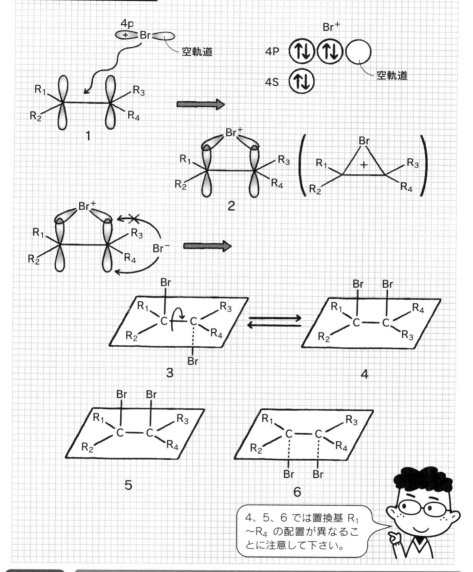

4、5、6では置換基 R_1 〜R_4 の配置が異なることに注意して下さい。

- 二重結合への臭素付加はトランス付加である。
- 臭素付加は三角形のブロモニウムイオンを経由する。
- ブロモニウムイオンを Br^- が攻撃するのでトランス付加となる。

7-3 環状付加反応

二つの分子が2か所で結合すると環状の化合物ができます。このような付加反応を一般に環状付加反応といいます。環状付加反応では生成物の立体構造が問題になることがあります。

1 ディールズ・アルダー反応

ブタジエン誘導体1とエチレン誘導体2が互いに両端同士で結合すると、シクロヘキセン誘導体3が生成します。この反応は発見した二人の化学者の名前をとってディールズ・アルダー反応といわれます。この反応は1回の反応で環状化合物を合成することができ、しかも多くの場合、高収率で進行するので、合成的に重要な反応です。

2 立体選択性

ブタジエン誘導体4とエチレン誘導体5を反応すると環状付加体6が生成します（図1）。6は一般に籠状化合物、あるいはケージ状化合物と呼ばれる立体的な化合物です。図の6a、6bは6を立体的に書き表したものです。すなわち6には二つの立体異性体があるのです。6aは酸素を含んだ部分構造が笠部分の内側にあるのでエンド（内）型、6bでは笠の外側にあるのでエキソ（外）型といいます。

ディールズ・アルダー反応の場合、エンド型とエキソ型の両方の生成物が生じますが、主生成物はエンド型です。このように、生成物に二種類の可能性があるのに、一方だけが優先して生じる反応を選択性のある反応といいます。先に見たシス付加、トランス付加なども選択性のある反応ということになります。

> ### コラム　合成反応
>
> 　有機化学の有用性の一つは、有機化学反応によっていろいろの有用な化合物を合成することができることです。目的の化合物を作るにはいろいろな反応を組み合わせることが大切です。
> 　二重結合化合物Aから三重結合化合物Bを作るにはどうすればよいでしょう？
> 　Aから直接水素分子H_2を取り去る反応はありません。この場合にはまず臭素を付加すればよいのです。その後脱離反応によってHBrを2分子取り去れば目的の化合物になります。

第7章 不飽和化合物の性質と反応

図1 環状付加反応

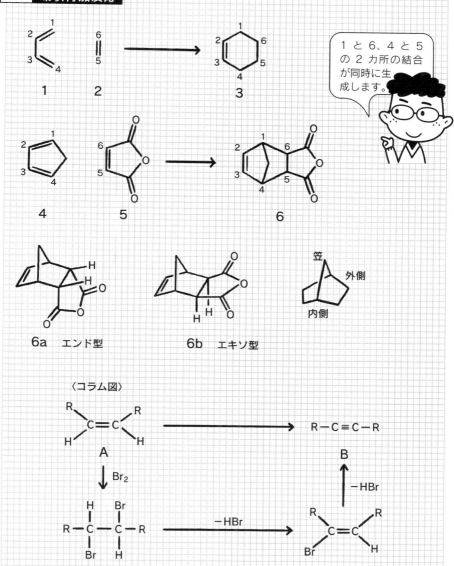

1と6、4と5の2カ所の結合が同時に生成します。

- ●2分子が2か所で結合すると環状化合物となる。
- ●環状付加反応の代表的なものはディールズ・アルダー反応である。
- ●幾つかの可能性のうち、一つだけが優先する反応を選択的反応という。

7-4 酸化・還元反応

不飽和化合物の酸化還元反応は主に酸素や水素との反応です。酸素と結合すれば酸化されたことになり、水素と結合すれば還元されたことになります。

1 還元反応

ある化合物が還元されるというのは、主にその化合物から酸素が奪われるか、あるいはその化合物が水素と反応することです。不飽和化合物と水素の反応は接触還元で見たとおりです。

つまり、二重結合を持つアルケンが接触還元されれば一重結合のアルカンとなります。また三重結合を持つアルキンが接触還元されれば、アルケンを経てアルカンになります。

2 酸化反応

アルケンの酸化反応は用いる試薬と条件によっていろいろの生成物が生じます（図1）。

・オゾン酸化

アルケン1が酸素の同素体であるオゾン O_3 と反応すると両者が環状付加した五員環中間体2が生成します。これを亜鉛 Zn と過酸化水素 H_2O_2 で分解すると、C–C結合が切断されてケトン3とカルボン酸4が生成します。一方、亜鉛と適当な酸で分解するとケトン3とアルデヒド5となります。

・ヒドロキシ化

アルケン6に過マンガン酸カリウム $KMnO_4$ を反応すると、環状付加体7を経由してヒドロキシ基 OH を2個持ったアルコール、二価のアルコール誘導体7を与えます。このように連続した2個の炭素に OH が着いたアルコールを特にグリコールといいます。エチレングリコールは自動車の不凍液に用いられます。

・エポキシ化

アルケン6に過酸 RCOOOH を反応すると酸素を含んだ三員環化合物10が生じます。このような化合物を一般にエポキシといいます。エポキシは加熱しても軟らかくならないプラスチック（熱硬化性樹脂）であるエポキシ樹脂や、接着剤の原料として使われます。

第7章 不飽和化合物の性質と反応

図1 不飽和化合物の酸化・還元反応

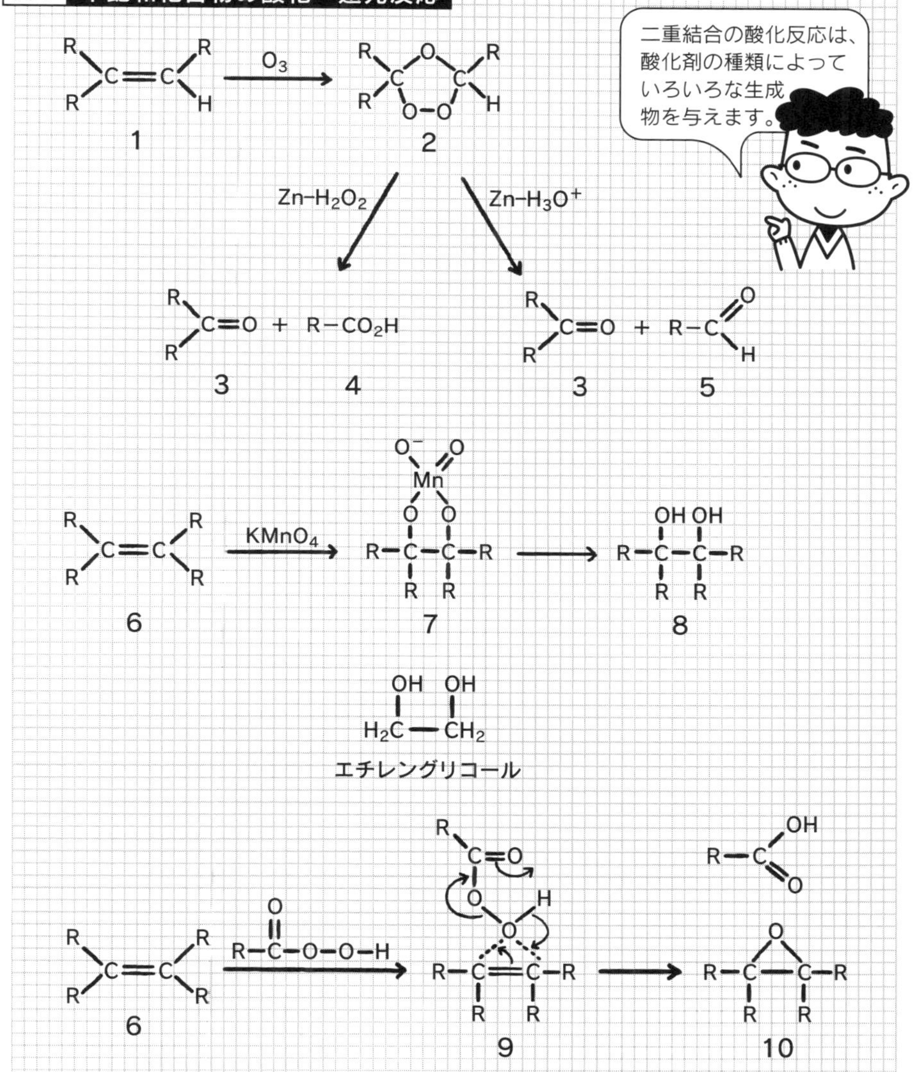

二重結合の酸化反応は、酸化剤の種類によっていろいろな生成物を与えます。

- アルケンをオゾンで酸化するとC–C結合の切断が起こる。
- アルケンを過マンガン酸カリウムで酸化するとグリコールとなる。
- アルケンを過酸で酸化するとエポキシとなる。

7-5 互変異性

1個の化合物が瞬間ごとに違う構造となる反応を、互変異性といいます。互変異性は共鳴と混同されることがあるので注意して下さい。共鳴は概念であり、現象ではありません。

1 ケト・エノール互変異性

　化合物1はケトン誘導体です。化合物2は二重結合にヒドロキシ基OHが結合しています。このような化合物をエノールといいます。このような化合物の場合、ある瞬間には1となり、次の瞬間には2となるという現象が起こります。1をケト型、2をエノール型と呼び、このような相互変化を一般に互変異性といい、逆向きの2本の矢印で表します。

　互変異性の場合、一般にケト型が安定であり、その場合、化合物はケト型でいる時間の方が長くなります。化合物3は特殊な化合物であり、この場合にはケト3a型の時間とエノール型3bの時間が同じになります。例外はフェノール4であり、これは常にエノール型でケト型5になることはありません。それはフェノールのベンゼン骨格が芳香族性で安定だからです。

2 共鳴

　有機化学固有の考え方に共鳴というものがあります。これはコンピュータのない昔、量子化学計算ができないので、その代わりに便宜的に用いられた考え方ですが、現在も用いられることがあります。

　典型的なのはベンゼンです。ベンゼンの構造にはAとBの二種類が考えられますが、この二種は区別することができません。このような場合には、ベンゼンはAとBが共鳴していると考えるのです。つまり、実際のベンゼンはAとBの中間のような構造であると考えるのです。そして共鳴している構造は両端に頭のついた矢印で結んで表します。互変異性の矢印とは異なるので注意が必要です。

　そして、ハッキリした理由はわからないまま、共鳴できるものはできないものより安定であると決めるのです。随分乱暴なような考えですが、実際は有機化合物の性質や安定性、更には反応性まで結構正確に推定できるので、コンピュータが普及するまでは、有機化学者の間で広まっていました。もちろん現在は、コンピュータを用いた分子軌道法的な考え方が主流となっています。

第7章 不飽和化合物の性質と反応

図1 ケト型とエノール型

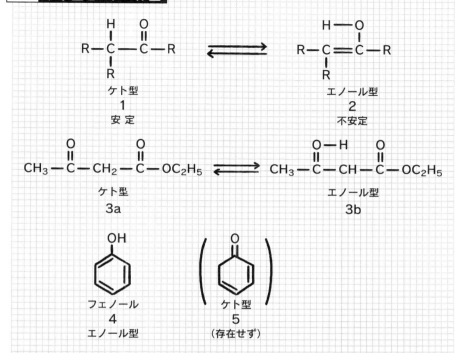

図2 ベンゼンの共鳴

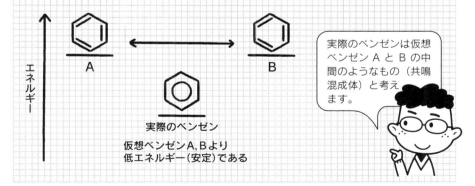

実際のベンゼンは仮想ベンゼンAとBの中間のようなもの（共鳴混成体）と考えます。

- 二重結合にOH基がついたエノールは実際にはほとんど存在せず、ケト型として存在する。
- 有機化合物の安定性などを推定する手段に共鳴法がある。

097

第8章
芳香族化合物の性質と反応

芳香族化合物は求電子試薬による置換反応を起こします。このような反応を芳香族置換反応といいます。この反応では配向性が大きな問題となります。

8-1 芳香族化合物の反応性

ベンゼンを代表とする芳香族化合物は、特別の安定性と反応性を持つ化合物群であり、有機化学において非常に重要です。芳香族化合物には多くの種類があります。

1 芳香族化合物とは

芳香族化合物といいますが、決して全ての芳香族が芳香、すなわちよい香りを持つわけではありません。むしろ悪臭を持つものが多いといった方がよいかもしれません。また、多くの仲間は発がん性を疑わせるなど、有害です。かつてシンナー（塗料薄め液）の原料として使われ、シンナー遊びのきっかけとなったトルエンは、脳の働きを阻害する麻薬に似た作用を持つことがわかっています。

芳香族の典型はベンゼンです。ベンゼンは先に見たように6員環状共役化合物です。簡単には、分子内にベンゼン環を持つものが芳香族であると考えてよいでしょう。したがって、ベンゼン環に各種の置換基が結合したもの、あるいはベンゼン環がいくつか連結したもの、などが芳香族です。

しかし、ヘテロ原子の組み込まれた芳香族もあり、それにはピリジン、ピロール、フランなどがよく知られています。

2 芳香族化合物の行う反応

芳香族は安定です。したがって反応性は低いです。また、芳香族の安定性はその6員環状共役構造にあります。そのため、この骨格を破壊するような反応は決して起こしません。

6員環状共役構造を破壊する反応とは、一つはベンゼン1の環状構造を壊す反応、すなわち開環反応です。その結果は鎖状化合物2の生成です。このような反応例はほとんどありません。

もう一つは共役系を壊す反応です。つまり、付加反応です。ベンゼンの二重結合の一つに分子XYが付加すると化合物3となります。この化合物は共役系ではありますが、ベンゼンに比べて二重結合が1個足りなく、その分共役系が短くなっているし、ベンゼンのような分子全体に渡る環状共役系にもなっていません。

ベンゼンの行う反応は、ベンゼン骨格を残す反応だけなのです。それは次節で見る芳香族置換反応という反応なのです。

第8章 芳香族化合物の性質と反応

図1　芳香族化合物の例

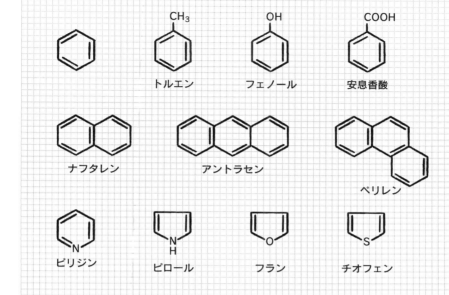

図2　ベンゼンの行う反応

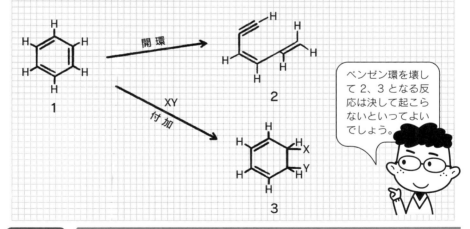

> ベンゼン環を壊して2、3となる反応は決して起こらないといってよいでしょう。

- 芳香族化合物には芳香方向を持たず、有害なものもある。
- 芳香族化合物の多くはベンゼン骨格を持つ。
- 芳香族化合物はベンゼン骨格を壊すような反応は行わない。

8-2 芳香族置換反応

ベンゼン環の水素が置換基に置き換わる反応を芳香族置換反応といいます。先に見た求核置換反応と異なり、ある置換基が他の置換基に置き換わるという反応ではありません。

1 芳香族置換反応とは

ベンゼンに硝酸 HNO_3 と硫酸 H_2SO_4 を作用すると、ベンゼンの1個の水素原子がニトロ基 NO_2 に置き換わった化合物であるニトロベンゼン2が生じます。この反応はニトロ化という反応です。このように、ベンゼンの水素が適当な置換基に置き換わる反応を、一般的に芳香族置換反応といいます。

芳香族置換反応には多くの種類が知られており、いずれも研究的にも工業的に重要な反応です。

2 芳香族置換反応の反応機構

芳香族置換反応は求電子置換反応です。すなわち、同じ置換反応でも先に見た S_N1、S_N2 反応は求核試薬 Y^- が攻撃する求核置換反応でした。それに対して芳香族置換反応は、求電子試薬 X^+ が攻撃する求電子反応なのです。

ニトロ化反応では硝酸が硫酸の作用を受けて分解し、ニトロニウムイオン NO_2^+ が生成します。これが求電子試薬であり、これがベンゼンの炭素を求電子攻撃してイオン中間体3を生成します。次にこのイオン3から水素が H^+ として外れると最終生成物である2が生成するのです。

図2の反応機構は、求電子試薬を X^+ として、芳香族置換反応の反応機構を一般化して書いたものです。つまり、ベンゼン1を X^+ が求電子攻撃をして中間体陽イオン4を生成し、ここから H^+ が外れて最終生成物5が生成します。

次節でいくつかの芳香族置換反応の例を見ますが、全ての反応の反応機構は上とまったく同じものです。したがって、芳香族置換反応では、求電子試薬 X^+ が生成する反応機構が問題であり、それ以降の反応機構は全て同じなのです。次節はそのような前提のうえでご覧ください。

第8章 芳香族化合物の性質と反応

図1　芳香族置換反応

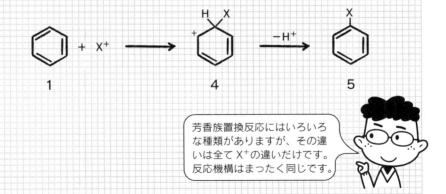

図2　反応機構（一般化）

芳香族置換反応にはいろいろな種類がありますが、その違いは全て X^+ の違いだけです。反応機構はまったく同じです。

- ベンゼンの水素が置換基に置き換わる反応を芳香族置換反応という。
- 芳香族置換反応は求電子反応である。
- 芳香族置換反応の反応機構は全て類似である。

8-3 芳香族置換反応の種類

芳香族置換反応には多くの種類があり、全て、工業的、研究的に重要です。しかしその反応機構は全て同じです。主なものを見てみましょう。

・スルホン化

ベンゼンに硫酸を作用させるとベンゼンスルホン酸1が生成します。求電子試薬は硫酸から生じた陽イオン SO_3H^+ です。

・塩素化

ベンゼンに触媒としての塩化アルミニウム $AlCl_3$ の存在下、塩素ガス Cl_2 を反応させると塩化ベンゼン2が生成します。求電子試薬は $AlCl_3$ と Cl_2 から生成したイオン性化合物 $[AlCl_4]^-Cl^+$ から生じた塩素の陽イオン Cl^+ です。

・フリーデルクラフト反応

ベンゼンに触媒としての塩化アルミニウム $AlCl_3$ の存在下、塩化アルキル R–Cl を反応させるとアルキルベンゼン3が生成します。求電子試薬は $AlCl_3$ と R–Cl から生成したイオン性化合物 $[AlCl_4]^-R^+$ から生じたアルキル基の陽イオン R^+ です。

この反応はベンゼン環に直接炭素を結合させる反応として合成化学的に重要な反応です。

・フリーデルクラフトアシル化反応

フリーデルクラフト反応の応用反応です。ベンゼンに触媒としての塩化アルミニウム $AlCl_3$ の存在下、塩化アシル RCOCl を反応させるとアシルベンゼン4が生成します。求電子試薬は $AlCl_3$ と RCOCl から生成したイオン性化合物 $[AlCl_4]^-RCO^+$ から生じたアシル基 RCO の陽イオン RCO^+ です。

アシルベンゼンは各種ベンゼン誘導体合成の際の出発物質として重要な化合物です。

第8章 芳香族化合物の性質と反応

図1 芳香族置換反応の主な種類

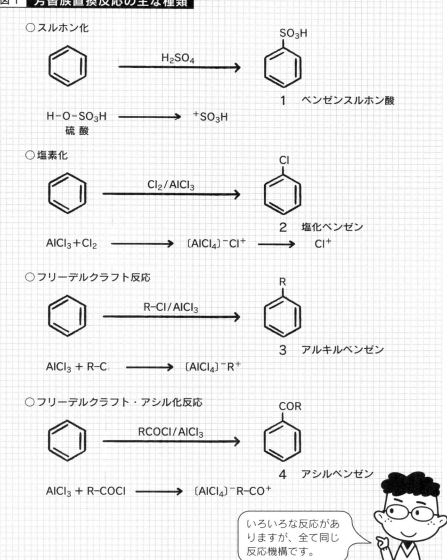

いろいろな反応がありますが、全て同じ反応機構です。

●芳香族置換反応にはニトロ化、スルホン化、塩素化、フリーデルクラフト反応、フリーデルクラフトアシル化反応などがある。
●反応には塩化アルミニウムが触媒となることが多い。

8-4 芳香族置換反応の配向性

置換基を有するベンゼンに芳香族置換反応をするときには、置換基の置換できる位置は何か所もあります。しかしこのような場合、実際に置換する位置は決められています。これを配向性といいます。

1 配向性とは

　置換基を1個だけ持ったベンゼン、すなわちモノ置換ベンゼンには、その置換基の位置を基準にして他の炭素の位置の番号、名前が決められています。

　図1につけた番号はIUPAC命名法にしたがってそれを表したものです。置換基の結合した炭素をC_1とし、他の炭素は順番に$C_2 \sim C_6$とします。

　これと同様に、伝統的に決められた位置の名前も一般的に通用しています。それは置換基のついた位置をイプソ位、i-位とし、その両隣をオルト位、o-位、その隣をメタ位、m-位、置換基の反対の位置をパラ位、p-位とするものです。むしろ、この名前の方が一般的に通用しているような状態です。

2 o-、p-配向と m-配向性

　1個のメチル基CH_3がベンゼンに置換し化合物、すなわちモノ置換ベンゼンであるトルエン1にニトロ化をしましょう。

　ニトロ基の置換することのできる位置は、o、m、p-位の三か所、すなわち、メチル基の置換した1位、i-位を除いた全ての位置が可能です。しかし実際にはo-位(2)、p-位(4)にしか置換しません。m-位に置換した3は生成しないのです。

　ところがニトロベンゼン5に同じ反応を行うと、生成するのはm-置換体の7ばかりであり、オルト、パラ置換体の6、8は生成しません。このように、初めに置換していた置換基によって、次に置換する置換基の結合する位置が限定される現象を置換基の配向性といいます。

　なぜこのような現象が生じるのでしょう？

第8章 芳香族化合物の性質と反応

図1 配向性

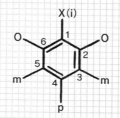

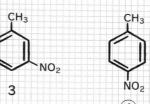

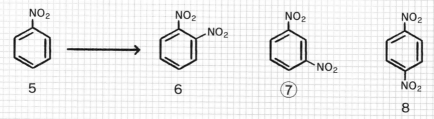

1 からはオルト体 2 とパラ体 4 が生成します。しかし 5 からはメタ体 7 しか生成しません。

- モノ置換ベンゼンの炭素は o-、m-、p-位と命名される。
- 物置換ベンゼンに対する芳香族置換反応で置換基が結合する位置は、最初の置換基によって規定される。

配向性の原因

モノ置換ベンゼンに対する置換反応が起こる位置は、置換基によって決定的に影響されます。そのような現象はなぜ起こるのでしょうか？その原因は置換基の電気的な影響にあります。

1 電子求引性置換基と電子供与性置換基

先に見たように、置換基は分子の顔です。分子の持つ置換基にもいろいろの個性があります。

このような置換基の性質を通観すると、置換基を二種類に分類することができることがわかります。つまり、

①電子求引（性）基：分子本体から電子を奪う置換基、と反対に
②電子供与（性）基：分子本体に電子を与える置換基、です。

電子求引基はその名前のとおり、分子本体から電子を奪って、分子本体を電気的にプラスにし、代わりに自分自身はマイナスになります。反対に電子供与基は分子本体に電子を与えるので分子本体はマイナスになりますが、置換基自身はプラスになります。

2 置換基の電気的性質の原因

置換基にはこのように、分子本体に電子を与えるものと、分子本体から電子を奪うものがあります。ところが、置換基のこのような性質は、ベンゼン環を構成する6個の炭素全てに同じように現れるわけではありません。

置換基の影響が大きく現れるのはo-位とp-位です。

すなわち、電子供与基が結合するとo-位とp-位が優先してマイナスになり、反対に電子求引基が結合するとo-位とp-位が優先してプラスになるのです。

ところで、芳香族置換反応は求電子反応です。反応はマイナスに荷電した炭素に優先して起こります。この結果、電子供与性の置換基のついたベンゼンにはo-位とp-位に優先して反応が起こり、反対に電子求引性の置換基がついた場合には、プラスにならない炭素を優先する、ということでm-位に起こるのです。

電子供与性の置換基はo-、p-配向性、電子求引性の置換基はm-配向性の置換基ということになります。

第8章 芳香族化合物の性質と反応

図1　置換反応

電子求引(性)基　$\overset{d+}{R} - \overset{d-}{X}$　（X：F, Cl, OH, NH_2, CO_2）

電子供与(性)基　$\overset{d+}{R} - \overset{d-}{Y}$　（X：CH_3, CH_2CH_3, O^-, NH^-）

図2　電子供与基と電子求引基の電気的性質の原因

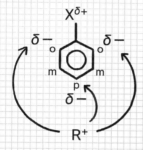

X：電子供与基
o-, p-配向性

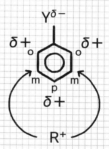

Y：電子求引基
m-配向性

求電子試薬 R^+ は−に荷電した炭素（δ−）、あるいは＋に荷電していない炭素を優先的に攻撃します。

- 置換反応を o-、p-位に限定する置換基を o-、p-配向性置換基、m- に限定する置換基を m-配向性置換という。
- 置換基の配向性は置換基の電子的性質によって合理的に説明される。

第9章
官能基の性質と反応

官能基はそれ自身が化学反応を起こして他の官能基に変化するほか、官能基同士が反応して他の分子に変化します。化学反応の多くは官能基の反応によるものです。

9-1 エステル化反応

カルボン酸とアルコールの間で脱水反応が起こるとエステルが生成します。エステルには芳香を持つものが多く、果実の香りの成分として知られます。

1 エステル

置換基は有機化合物のいわば顔です。それは、有機化合物の性質や反応性を置換基が支配するという意味です。そのような置換基が行う反応として、最初に紹介したいのがエステル化反応です。

エステル化反応というのは、カルボン酸1とアルコール2の間で脱水反応が起こり、エステル3が生成する反応です。よく知られた化合物である酢酸とエタノールが反応すると、エステルである酢酸エチルが生成します。

酢酸エチルはサクエチとも呼ばれ、有機物を溶かす力が強いので、溶剤、シンナーとして多用されました。シンナーの気体を吸うと酩酊状態になることから、かつてシンナー遊びが流行しました。しかし、酢酸エチルなどシンナーの成分は人体に回復困難な害を与えることがわかったので、現在では少なくとも、家庭用のシンナーには用いられていません。

2 エステル化反応の反応機構

図2はエステル化反応の反応機構の可能性を表したものです。エステル化反応は簡単に言えば、カルボン酸 R–COOH とアルコール HO–R の間で水、H_2O が取れる反応です。

問題は、この水分子 H–OH がどのようにしてできたのか？ということです。H、OH は、カルボン酸、アルコールの両方が持っています。どちらが H を出し、どちらが OH を出しても水分子 H–OH はできます。

問題の基本は、一体 OH を出したのはカルボン酸なのか（機構 a）、それともアルコールなのか（機構 b）、ということです。これは反応機構を考えるうえでは大問題です。このようなことを疑問と考えて、それを実験的に明らかにする。それが有機化学の研究なのです。

地味なようですが、そこには歴史上誰も知らない真実を明らかにするという、このうえない冒険の精神が溢れています。そうです。化学研究というのは冒険なのです。

第9章　官能基の性質と反応

図1　エステル化反応の反応機構

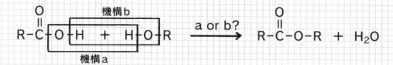

図2　反応機構

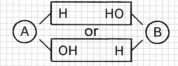

AとBがHとOHを出し合ってH₂Oを作るとき、OHを出すのはAか？Bか？という問題です。

> 反応機構 a ではカルボン酸から OH が外れ、反応機構 b ではアルコールから OH が外れています。実際にはどちらの機構で進行しているのでしょうか？

- カルボン酸とアルコールの間で脱水が起こる反応をエステル化反応、生成物をエステルという。
- エステル化反応ではどちらが OH を出したのかが問題である。

113

エステル化反応機構の解明

化学反応の反応機構を明らかにすることは、化合物の真の反応性を明らかにすることであり、同時にその反応を他の化合物に応用して、新しい有用な化合物の合成に応用することができます。

1 水分子の OH はどちらからきたのか？

前節で見たように、エステル化反応では水 H–OH の OH を出したのはカルボン酸 R–COOH（機構 a）なのか、それともアルコール R–OH（機構 b）なのか？ということが問題でした。

これを理論的に解決するのは簡単なことです。カルボン酸の OH とアルコールの OH を区別すればよいだけです。簡単にいえば、カルボン酸の OH の酸素にペンキを塗って赤くすればよいのです。反応で生じた水分子の酸素の色を見れば、どちらから来たのかは明白になります。水の酸素が赤ければ機構 a で進行したのであり、赤くなければ機構 b で進行したのです。

2 同位体の利用

しかし、原子にペンキを塗るのは現実的ではありません。このような場合に利用されるのが同位体です。酸素原子の99.8% は同位体 ^{16}O ですが0.2% は ^{18}O です。そこでアルコールの酸素を ^{18}O に置換するのです。

実験の結果、反応で生じた水分子 H_2O の分子量は20でした。これは水分子の分子式が $H_2^{18}O$ であることを示すものであり、水分子の酸素はカルボン酸からきたものであり、反応は機構 a にしたがっていることを示すものです。

この事実を説明できる詳しい反応機構は次のようなものです。つまり、カルボン酸のカルボニル炭素は、電気陰性度の大きい酸素に電子を奪われた結果プラスに荷電しています。一方、アルコールの酸素原子は非共有電子対を持ち、求核性が高くなっています。

そこでアルコール 2 の O がカルボン酸 2 のカルボニル炭素を攻撃して中間体のイオン性化合物 4 となり、ここから H^+ と $^{18}OH^-$ が脱離して水分子 $H_2^{18}O$ となったというものです。カルボン酸は酸ですが、エステル化反応では酸として働いているわけではないのです。

第9章 官能基の性質と反応

図1 同位体を利用してエステル化反応機構を解明する

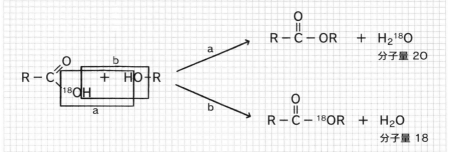

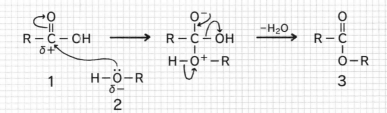

^{18}O を持った水分子の分子量は20であり、^{16}O の水分子は18です。水分子の分子量を測定すれば反応機構がわかります。

- エステル化には二つの反応機構が考えられる。
- カルボン酸がOHを出す機構と、アルコールがOHを出す機構である。
- 区別をするには酸素の同位体^{18}Oを用いる方法がある。

アミド化反応とエーテル化反応

エステル化とよく似た反応にアミド化があります。これはタンパク質を作る重要な反応です。また、アルコールの脱水反応としてエーテル化もあります。

1 アミド化反応

カルボン酸とアルコールの間の脱水反応で生じたのがエステルでした。まったく同様の反応として、カルボン酸とアミンとの間の脱水反応があります。これはアミド化と呼ばれ、生成物はアミドと呼ばれます。

ただし、この反応がタンパク質の原料であるアミノ酸の間で進行すると、反応はペプチド化と呼ばれ、生成物はジペプチド、あるいはポリペプチドと呼ばれます。

2 エーテル化反応

アルコールの分子内で脱水反応（分子内脱水反応）が起これば、二重結合が導入されてアルケンが生成します。

しかし2個のアルコールの間で脱水反応（分子間脱水反応）が起こるとエーテルR–O–Rが生じます。エタノール CH_3CH_2OH で分子内脱水反応が起こればエチレン $H_2C=CH_2$ が生じますが、2分子のエタノール間で脱水が起こるとジエチルエーテル CH_3CH_2–O–CH_2CH_3 が生じます。どちらが生じるかは触媒の有無や反応温度などの反応条件によります。

酸素に結合する2個の置換基Rが互いに異なるエーテルR–O–R'を作る場合には、話が面倒になります。二種のアルコールR–OHとR'–OHを混ぜて反応するとR–O–R、R'–O–R'、R–O–R'の三種類のエーテルの混合物が生じてしまいます。

このような場合には片方のアルコール、R–OHをナトリウムNaと反応してナトリウムアルコキシドR–ONaとします。するとR–ONaは互いに反応せず、しかも反応性が高いのでもっぱらR'–OHを攻撃してR–O–R'のみが生成することになります。

また、分子内に二個のOH基を持つ分子が分子内脱水すると、環状エーテルが生成します。

第9章　官能基の性質と反応

図1　アミド化反応

$$R-\underset{O}{\overset{O}{C}}-\boxed{O-H \quad H-N}-R \xrightarrow[\text{アミド化}]{-H_2O} R-\underset{}{\overset{O}{C}}-\underset{}{\overset{H}{N}}-R + H_2O$$

カルボン酸　　アミン　　　　　　　　　　　アミド

$$H-\underset{H}{\overset{H}{N}}-\underset{H}{\overset{R}{C}}-\underset{}{\overset{O}{C}}\boxed{O-H \quad H-N}-\underset{H}{\overset{R}{C}}-\underset{}{\overset{O}{C}}-OH \xrightarrow[\text{ペプチド化}]{-H_2O} H-\underset{H}{\overset{H}{N}}-\underset{H}{\overset{R}{C}}-\underset{}{\overset{O}{C}}-\underset{}{\overset{H}{N}}-\underset{H}{\overset{R}{C}}-\underset{}{\overset{O}{C}}-OH$$

アミノ酸　　　　　アミノ酸　　　　　　　　　　　　　　　ジペプチド

> ペプチド化はタンパク質を作る重要な反応です。

図2　エーテル化反応

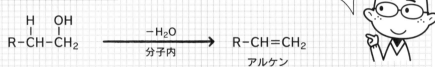

$$CH_3-CH_2-OH \begin{array}{c} \xrightarrow{\text{分子内脱水}} CH_2=CH_2 \text{ エチレン} \\ \xrightarrow{\text{分子間脱水}} CH_3-CH_2-O-CH_2-CH_3 \text{ ジエチルエーテル} \end{array}$$

$$R-OH,\ R'-OH \xrightarrow{\text{分子間脱水}} R-O-R' + R-O-R' + R'-O-R'$$

$$R-ONa + R'-OH \longrightarrow R-O-R'$$

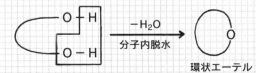

環状エーテル

- カルボン酸とアミンの間で脱水が起こるとアミドが生成する。
- アルコールが分子内脱水するとアルケンが生じる。
- アルコールが分子間脱水するとエーテルが生じる。

9-4 置換基の変化する反応-①

置換基はそれ自体が化学反応を起こして別の置換基に変化することがあります。基礎的で重要なものに、酸化反応と還元反応があります。

1 置換基の酸化反応

先にアルコール RCH_2-OH は酸化されるとアルデヒド $R-CHO$ となり、更に酸化されるとカルボン酸 $R-COOH$ となることを見ました。ヒドロキシ基を含む原子団 CH_2OH が酸化されてホルミル基 CHO、カルボキシル基 $COOH$ に変化したものです。

ベンゼン環についたアルキル基は酸化されると、アルキル基の種類にかかわらず全てカルボキシル基となります。したがって、アルキルベンゼン C_6H_5R を酸化すると安息香酸 C_6H_5COOH となります。

同様にアミノ基 NH_2 は酸化されるとニトロ基 NO_2 となります。

2 置換基の還元反応

カルボニル基を還元するとヒドロキシ基になり、アルコールが生成します。したがってアルデヒドを還元するとアルコールとなります。カルボン酸も強力な還元剤で還元すると、アルデヒドでとどまらず、一挙にアルコールとなります。

また、ニトロ基を金属スズ Sn と塩酸を用いて還元するとアミノ基になります。この反応はベンゼンと硝酸の反応で得たニトロベンゼン $C_6H_5NO_2$ をアニリン $C_6H_5NH_2$ に変える反応として有名であり、かつては大学の入学試験の定番問題でした。

この反応は式 A のように Sn と HCl の反応で H が発生し、それが NO_2 と反応して NH_2 にするというものです。したがって全体の反応は式 B となります。問題は係数 a、b、…は何か？というものです。

これは反応式の左辺と右辺では原子の種類と総数は変化しないことを利用して、連立方程式を組めば解ける問題です。連立方程式は、N に注目すれば a = d、Sn に注目すれば b = e、O に注目すれば 2a = f などです。チャレンジしてみてはいかがでしょうか。

第 9 章　官能基の性質と反応

図1　置換基の酸化、還元反応

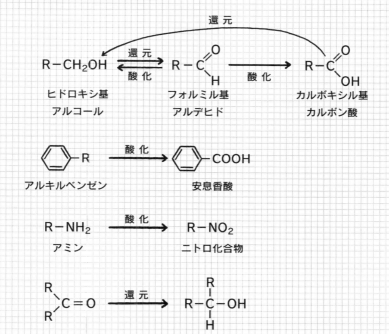

図2　スズ Sn と塩酸を用いて還元すると…

Sn + 4HCl ⟶ SnCl$_4$ + 4H　……（A）

a◯-NO$_2$ + bSn + cHCl ⟶ d◯-NH$_2$ + eSnCl$_4$ + fH$_2$O　……（B）

> Sn と HCl が反応して H が発生し、それが NO$_2$ と反応して NH$_2$ に換えるのです。

- アルキルベンゼンを酸化すると安息香酸となる。
- アミノ基を酸化するとニトロ基になる。
- ニトロ基を還元するとアミノ基になる。

9-5 置換基の変化する反応-②

置換基が変化する反応はたくさんありますが、酸化・還元反応は前節で見たので、それ以外によく知られたものを挙げてみましょう。

1 フェノールの生成

ベンゼンと硫酸の反応で得られるベンゼンスルホン酸を、溶媒のない状態で水酸化ナトリウム NaOH と加熱融解（熔融）するとフェノールのナトリウム塩となります。これを弱酸で処理するとフェノールが得られます。

2 ベンゼンジアゾニウム塩の生成

ベンゼンジアゾニウム塩 $C_6H_5N_2^+X^-$ （X はハロゲン元素等）は各種ベンゼン誘導体合成の際の出発物質、およびカップリング反応の出発物質として重要です。

アニリン $C_6H_5NH_2$ を塩酸 HCl、亜硝酸ナトリウム $NaNO_2$ と処理すると塩化ベンゼンジアゾニウム $C_6H_5N_2^+Cl^-$ （A）となります。図に示したのはこの化合物 A を出発物質として作ることのできるベンゼン誘導体と、そのために要する試薬です。

まず亜リン酸 H_3PO_2 と処理するとベンゼンになります。これはせっかく作った A を元のベンゼンに戻す反応であり、意味のない反応のように思えますが、不要になったアミノ基を除去する反応として有用なのです。

A を酸で処理するとフェノールとなります。また第一銅 Cu^+ の塩と反応させると、各種の置換基を導入することができます。この反応にはサンドマイヤー反応という名前がついています。

重要なのは A をアニリンと反応すると N=N 結合（アゾ基）を持った付加体 B（アゾ化合物）が得られることです。この反応はカップリング反応と呼ばれ、アミノ基 NH_2 やヒドロキシ基 OH を持った芳香族化合物の多くで収率よく進行する反応です。

B には鮮やかな色彩を持っているものが多く、そのようなものは特にアゾ染料と呼ばれ、染料、顔料、食品着色材として広く用いられています。ただし、ベンゼン環を持っているため、中には発がん性を疑われるものもあり、そのようなものは厳重に排除されています。

第9章 官能基の性質と反応

図1 フェノールの生成

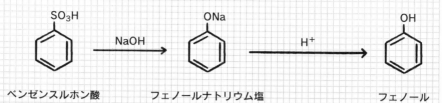

図2 ベンゼンジアゾニウム塩の生成

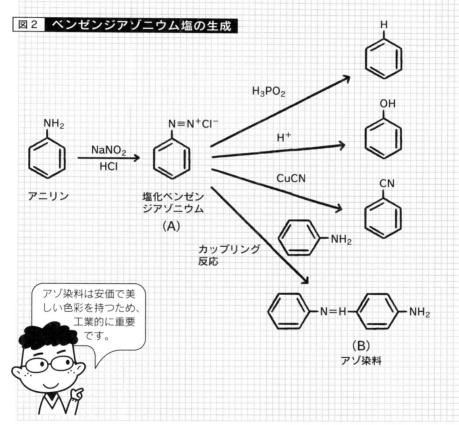

アゾ染料は安価で美しい色彩を持つため、工業的に重要です。

- アニリンに HCl と $NaNO_2$ を作用させると $C_6H_5N_2^+Cl^-$ となる。
- $C_6H_5N_2^+Cl^-$ は各種ベンゼン誘導体の合成に用いられる。
- $C_6H_5N_2^+Cl^-$ はカップリング反応によってアゾ染料を生成する。

第10章
有機化合物の先端技術

有機化合物は驚くほどの進化をしつつあります。電気を通したり、磁石についたりします。ここでは、そのような最先端の有機物のいくつかをご紹介しましょう。

分子間結合

現代の有機化合物は数十年前のものとは様変わりしています。電気は通すし、磁石にはくっつき、電気によって光り輝きます。有機物は金属の性質を会得しつつあるようです。

1 水素結合

有機物がこのように変貌したのは、分子間力の研究が進歩したためだということができるでしょう。化学結合は原子間に働くものと考えられていました。しかし、分子間にも働くことがわかったのです。ただし分子間に働く結合力（引力）は、共有結合の1割程度以下と弱いので、一般に分子間力と呼ばれます。

分子間力でよく知られているのは水素結合です。水分子 H–O–H において H は電気陰性度が小さく、O は大きいです。そのため H はプラスに、O はマイナスに荷電します。この結果、二分子の間で、H と O の間で引力が働きます。これが水素結合です。

2 ファンデルワールス力

水素結合は分子内にプラスの部分とマイナスの部分がある分子（双極性分子）の間に働く静電引力です。それに対してファンデルワールス力はこのような荷電の偏在のない分子、原子の間にも働く引力です。

これは電子雲の変形に基づくものです。電子雲は雲のようにフワフワしています。電子雲がただよって、原子核が一時的に電子雲の中心からずれると、原子の中に荷電の偏在が生じます。するとその影響を受けて隣の原子にも偏在が起き、この両者の間に静電引力が発生します。

これは泡のように生じては消えるものですが、集団全体としては大きな力になります。

3 疎水性相互作用

油は水に触れるのを嫌います。油を水に入れると、油分子はできるだけ水に触れないようにと固まって油滴となって水中に散らばります。いわば満員電車のオシクラ饅頭状態です。これは水中の油分子の間に引力が働いたと見ることもできます。そしてこの引力を疎水性相互作用というのです。

第10章 有機化合物の先端技術

図1 水素結合

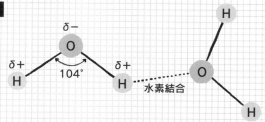

図2 ファンデルワールス力

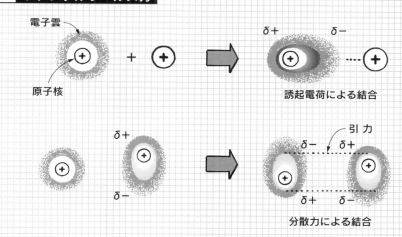

誘起電荷による結合

分散力による結合

図3 疎水性相互作用

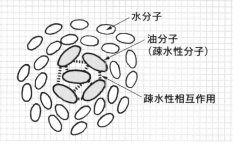

油分子ができるだけ水に触れないようにするためには、集まって集団となることです。そうすると外側の分子は犠牲になりますが、内側の分子は水から逃げられます。

ポイント
- 分子間に働く結合（引力）を分子間力という。
- ファンデルワールス力は電気的に中性な分子間にも働く。
- 水中の油（疎水性物質）分子間に働く力を疎水性相互作用という。

10-2 超分子

複数個の分子が分子間力で結合してできた高次構造体を一般に超分子といいます。DNAや酵素など、生体は超分子でできているということができます。

1 超分子と生体

　超分子という概念は新しいものです。しかし、この概念を提唱したJ.レーン、D.クラム、C.ペダーセンの3人はその功績によって1987年にノーベル賞を受賞しました。それくらい重要な概念なのです。

　超分子は実は身の回りにいくらでも存在しています。私たちの体、生体は超分子と密接に関係しています。遺伝を支配するのは二重ラセン構造で有名な核酸、DNAですが、これが超分子なのです。DNAは2本の長い分子がより合わさって二重らせん構造を作っていますが、2個の分子が1個の二重ラセン構造体を作っているというのは、超分子の定義そのものです。2本のDNA分子を結合しているのは水素結合です。

2 クラウンエーテル

　超分子の概念の発祥はクラウンエーテルでした。クラウンエーテルというのは$-CH_2CH_2O-$単位が環状に繋がった環状エーテルです。その形が王冠に似ているのでクラウンエーテルと呼ばれます。

　酸素は電気陰性度が高いのでマイナスに荷電します。したがってプラスに荷電した金属イオンM^+が近づくとクラウンエーテルに囲まれるようにして捕獲されます。この際、立体的な大きさの異なるM^+があれば、クラウンエーテルの孔の大きさにフィットしたM^+が優先的に捕獲されます。

　この現象を利用すれば、海水に溶けている多種類の金属イオンから、特に有用な金AuやウランUなどだけを選択的に得ることができます。

　シクロデキストリンは練りワサビなどに応用されています。この分子はブドウ糖が数個結合してリング状、すなわち桶状になった化合物です。ブドウ糖は他の有機分子とファンデルワールス力で結びつきます。ワサビの香り分子は揮発しやすいのですが、シクロデキストリンと一緒にすると、その桶状構造の中にスッポリと入り込み、揮発しにくくなるのです。しかし、チューブから出るとシクロデキストリン桶から脱出し、本来の香と辛みを発揮します。

第10章　有機化合物の先端技術

図1　超分子の構造

クラウンエーテルの形

12-クラウン-4

15-クラウン-5

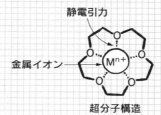
超分子構造

図2　シクロデキストリンの構造

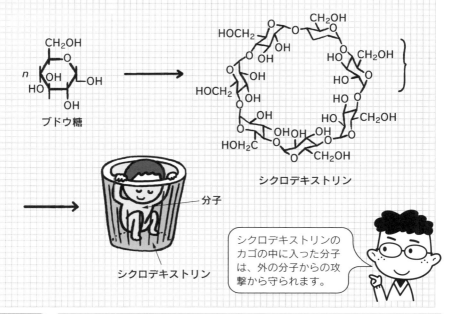

ブドウ糖 → シクロデキストリン

シクロデキストリン / 分子

シクロデキストリンのカゴの中に入った分子は、外の分子からの攻撃から守られます。

ポイント
- 分子が分子間力で結合して作った高次構造体を超分子という。
- DNAや酵素と基質が合体して作った複合体は超分子である。
- クラウンエーテルは特定の金属イオンを選択的に捕獲できる。

10-3 一分子機械

超分子は現代科学の花形といってよいでしょう。その中でも最も超分子らしいのは一分子機械でしょう。これは一個の分子がそのまま一個の機械になっているという究極の極小機械です。

1 分子トング

一分子機械というのは、その名前のとおり、1個の分子が機械の働きをするというものです。最も単純なのは前節で見たクラウンエーテルを用いたものでしょう。これはN=N結合のシス・トランス異性化という現象を用いたものです。

化合物Aは2個のクラウンエーテル構造がトランスN=N結合で連結されたものです。これに紫外線を照射するとAは異性化を起こし、シス体Bとなります。Bでは2個のクラウンエーテル構造が向き合うことになり、パンを挟むトングのように金属イオンM^+をシッカリと選択的に保持することができます。このように保持した後に加熱すると、Bは元のAに戻り、M^+を放出します。

つまりA、Bは一分子でトングの役割をしているのです。

2 分子自動車

上の例は超分子化学の黎明期の例ですが、もう少し発展したのが次の例です。一分子自動車は無理としても、一分子四輪車とはいえるのではないでしょうか。構造は図のようなものです。C_{60}フラーレンを車輪とした自動車の骨格、シャーシーモデルです。図2はこの分子を金の結晶表面に置いたときの軌跡を表しています。

分子はシャーシー分子の短軸方向にだけ移動しています。長軸方向、あるいは適当な斜め方向には移動していません。これは、この分子の移動は車輪の回転によって起こっている。つまり、分子が勝手に滑って移動しているのではないということを示しているのです。

これはこの分子が四輪車であることを示しています。すなわち、一個の分子で四輪車ができたのです。このようなものを一分子機械といいます。最近では一分子モータも完成しています。両者を連結することができたら、まさしく一分子自動車です。現代の有機化学はここまで進歩しているのです。

2016年度のノーベル化学賞はこのような一分子機械の研究に与えられました。これを機に超分子の研究はますます活発になるでしょう。

第10章 有機化合物の先端技術

図1 分子トング

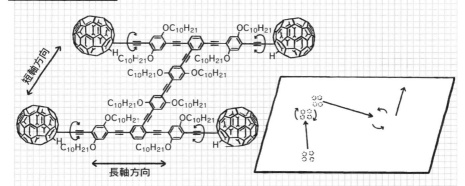

図2 分子自動車

Y. Shirai, A. J. Osgood, Y. Zhao, K. F. Kelly, J. M. Tour, *Nano Lett.*, 5, 2330 (2005) をもとに作成.

車輪を回転させることによって移動する車体です。リヤカーと考えればよいでしょう。

ポイント
- 分子トングは一個の分子で金属イオンをつかんだり離したりできる。
- 車輪を回転して移動する一分子四輪車も完成している。
- 一分子モータもできているので、一分子自動車の完成も間近いかも。

液晶

テレビ、パソコン画面と、液晶を用いた液晶表示は現代社会に欠かせないものです。液晶は電子素子のようですが、その正体は有機物なのです。

1 物質の三態

　水は低温で結晶の氷、室温で液体の水、高温で気体の水蒸気となります。このような結晶、液体、気体などを物質の状態といいます。結晶、液体、気体は代表的な状態なので特に物質の三態といいます。ということは、物質には三態以外の状態があることを意味します。そのような三態以外の状態の一つが「液晶状態」なのです。

　「液晶」は分子の種類ではありません。状態の一つなのです。普通の有機物の温度変化を図1（A）に示しました。低温で結晶、融点以上で透明な液体、沸点以上で気体となります。

2 液晶状態

　図1（B）は「液晶状態」を取ることのできる特殊分子「液晶分子」の温度変化です。低温では結晶であり、融点で融けます。しかし、液体のように透明ではありません。牛乳のように不透明です。温度を上げて透明点になると、透明な液体になります。さらに温度を上げると気体となりますが、ものによっては分解します。

　すなわち、液晶とは、この融点と透明点の間に現れる物質の状態なのです。低温、高温では「液晶状態」にならないのです。

3 液晶の性質

　結晶状態では分子は三次元に渡って整列し、位置と方向の規則性を保ちます。しかし、液体ではこのような整然性は完全に失われ、分子は勝手な方向を向いて勝手な位置に移動します。

　液晶状態はこの両者の中間の状態です。すなわち、位置の規則性は失って勝手に移動はするものの、方向の規則性は残しているのです。つまり、常に一定の方向を向いているのです。たとえてみれば小川のメダカです。メダカは流れに逆らうために、常に上流を向いています（方向の規則性）、しかし、エサを取るために位置は移動します。

図1　液晶の温度変化

(A) 普通の有機物
結晶
液体(流動性，透明)
気体
融点
沸点
(B) 液晶になる有機物
結晶
液晶(流動性，不透明)
液体
気体
融点
透明点
沸点

図2　液晶の状態と分子配列

状態		結晶	液晶	液体
規則性	位置	○	×	×
	配向	○	○	×
配列模式図				

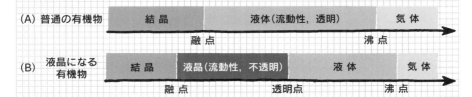

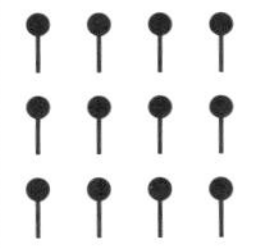

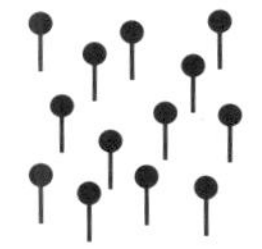

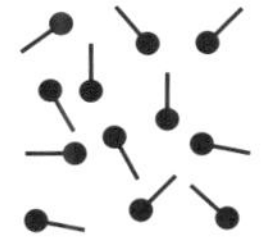

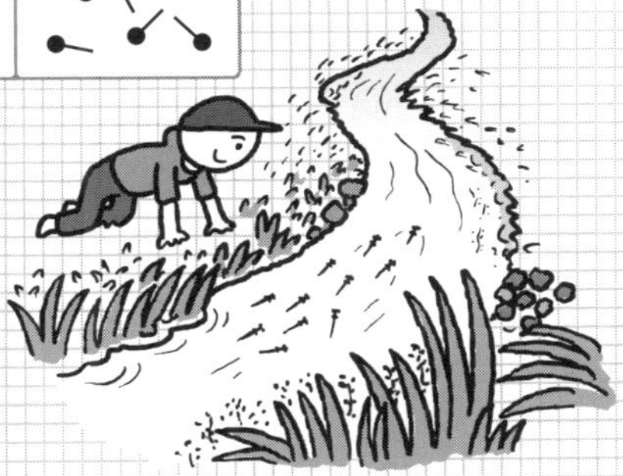

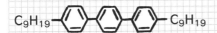

図3　液晶状態をとることのできる分子の例

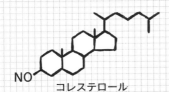

C_9H_{19}
C_9H_{19}

液晶分子の例

NO

コレステロール

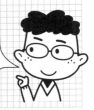

液晶状態が最初に発見されたのはコレステロールです。1888 年に植物学者が発見しました。

ポイント

- ◉物質には結晶、液体、気体等の状態がある。
- ◉液晶は分子の種類ではなく、状態の種類である。
- ◉液晶状態の分子は自由に移動するが、常に一定方向を向いている。

10-5 液晶モニタの原理

液晶テレビやパソコン、ケータイの画面は液晶を使ったモニタです。有機物の液晶分子がどのようにしてテレビの画面を作ることができるのでしょう。

1 液晶分子の配向制御

　液晶状態を取ることのできる特殊分子を液晶分子といいます。液晶分子には大きな特徴があります。それは液晶分子の配列方向を人為的に操作できるということです。

　液晶分子をガラス容器に入れ、向かい合った2面のガラス板の内側に互いに平行な擦り傷をつけます。すると中の液晶分子はその擦り傷の方向に整列するのです。次に、擦り傷のないガラス板を透明電極とします。この電極に通電すると、液晶分子は90度向きを変えて、通電方向に平行になります。透明電極のスイッチをオン・オフにするごとにこのような方向転換を永遠に繰り返します。

2 液晶表示の原理

　液晶表示は簡単に言えば影絵の原理です。液晶表示装置は発光パネルと液晶パネルの2パネルからできています。発光パネルは常に輝いています。発光パネルと視聴者の間にあるのが液晶パネルであり、これが光源の光を透したり遮ったりしているのです。

　簡単のために液晶分子を短冊形で考えましょう。スイッチがオフの場合には液晶"短冊"は発光パネルと平行です（図2（A））。そのため光は遮られて画面は黒く見えます。しかし通電すると短冊は発光パネルに垂直になり、光は短冊の間を通って視聴者に届きます（図2（B））。そのため、画面は白く見えます。

　モニターの画面を100万個以上もの画素に分け、それぞれに電極を通じて液晶の配列方向を電気的に制御する、それが私たちの目にする「白黒」の液晶モニターなのです。カラーモニタの場合にはそれぞれの画素をさらに黄、赤、緑の光の三原色に対応するように分割し、それぞれにその色を出す蛍光発色剤を塗ったうえで、その中に入った液晶分子の方向を制御するのです。

　液晶の技術は飛躍的に進歩しましたが、その基本は化学的な原理なのです。

第10章　有機化合物の先端技術

図1　液晶分子の配向制御

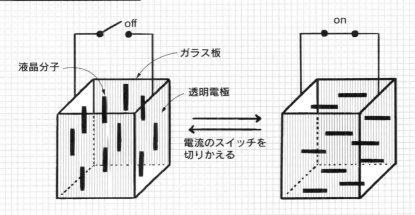

図2　液晶表示の基本原理

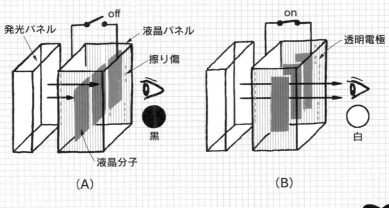

(A)　　　　　　　　　　　(B)

液晶モニタの技術は有機分子を動かす（方向を制御する）という意味で画期的なものです。今後更なる発展が期待されます。

- 液晶分子の配列方向は容器の擦り傷や通電によって制御できる。
- 液晶モニターは発光パネルの光を液晶パネル内の液晶分子で覆ったり、透過したりすることによって絵を表示する。

133

10-6 有機 EL

有機 EL とは発光する有機物のことをいいます。日本の有機 EL 研究は世界のトップを歩んでいるといってよいでしょう。液晶モニタに代わる次世代モニタとして注目されています。

1 有機 EL の原理

ネオンサインの発光管の中にはネオン原子 Ne の気体が入っています。この管の中で放電を起こすと、その電気エネルギーΔEをネオン原子が吸収して高エネルギーの励起状態になります。しかしこの状態は不安定なので、ネオンは元の低エネルギーの基底状態に戻ります。このとき、余分になったエネルギーΔEを光として放出するのです。

光は電磁波であり、波長と振動数を持っており、それに見合った色彩を持っています。すなわちネオンサインが赤いのは、ネオン原子が放出した光のエネルギーΔEが赤い光のエネルギーに一致していたからなのです。

有機 EL の原理も同じです。特殊な構造を持った有機 EL 分子に電気を通じて電気エネルギーΔEを与えると分子は励起状態になりますが、すぐにΔEを放出して元の基底状態に戻ります。このとき放出するΔEが光エネルギーとなって発光するのが、有機 EL の原理です。

2 有機 EL の応用

有機 EL の最大の特徴は有機分子そのものが発光するということです。したがって、液晶モニタのような発光パネルは必要ありません。電極の間に有機 EL 分子を挟み、通電すれば発光するのです。しかもその色彩は、分子設計によってどのような色彩の光を出すことも可能です。

このような原理の有機 EL の応用範囲はかなり広がっています。電極を柔軟な導電性高分子にすれば、屈曲自在な薄型テレビ（モニタ）が完成です。自動車のボディに応用すれば究極の迷彩色が可能です。細かく設計すれば、理論上は自動車の見かけ上を透明化することも可能です。

衣服に応用すれば、これまでになかったファッションも可能です。室内の壁全体をモニタにすれば、異次元空間にいるような錯覚も可能です。壁全体が光る"面光源"もすでに実用化されています。

第10章　有機化合物の先端技術

図1　有機ELの原理

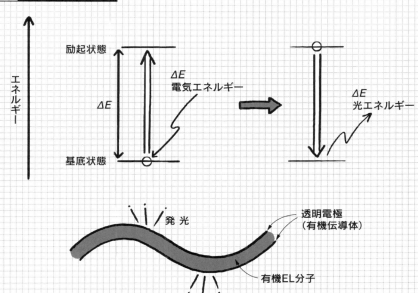

図2　将来の応用？

カメレオン人間　　　透明自動車

図はあくまでアイディアの一例です。アイディア次第でいろいろな応用が期待できます。

ポイント
- 有機ELとは有機物そのものが電気エネルギーによって発光する。
- 有機ELでは全ての色彩の光を発光することができる。
- 有機ELは曲面、さらには人体そのものに設置することもできる。

10-7 有機太陽電池

家庭用の太陽電池は全てシリコン太陽電池です。しかし有機太陽電池もその特殊な性質から版図を広げています。軽くて柔軟、カラフルで作りやすい、と有機太陽電池の長所はたくさんあります。

1 シリコン太陽電池の原理

シリコン太陽電池はシリコンSiに少量のホウ素Bを混ぜたp型半導体と、Siに少量のリンPを混ぜたn型半導体からできています。その構造は図1に示したもので、透明電極、n型半導体の薄膜、p型半導体、金属電極を重ねたものです。

透明電極から入射した太陽光はp型半導体薄膜を透過してpn接合面に達します。すると太陽光の光エネルギーによって電子が活性化し、n型半導体を通って透明電極に達した後、外部回路（導線）を経て金属電極に達し、p型半導体を通ってpn接合面に戻ります。

電流は電子の流れですから、外部回路を通った電子が電流になります。つまり、太陽光エネルギーによって電流が発生したのです。

2 有機太陽電池

シリコンは無尽蔵にある資源ですが、太陽電池に使うには純度をセブンナイン以上、すなわち99.99999%以上にしなければなりません。このようなシリコンを作るには最先端の設備が必要であり、価格も高くなります。

有機太陽電池は図のような有機物の半導体を用います。製造は簡単であり、コストも低くなります。また有機物なので重量は軽く、そのうえ柔軟で屈曲面に設置することも可能です。また、シリコン太陽電池は黒一色ですが、有機太陽電池はどのような色にでもなります。造花のような有機太陽電池も試作されています。

太陽エネルギーの何%を電気エネルギーに換えることができるかの指標を変換効率といいますが、家庭用のシリコン太陽電池に比べて、有機太陽電池は性能では劣ります。また、有機物なので耐久性に問題もあります。

しかし、付加価値があることから有機太陽電池は実用化され、その版図を広げつつあります。

第10章　有機化合物の先端技術

図1　シリコン太陽電池の原理

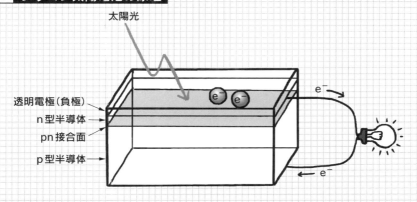

図2　有機半導体の構造

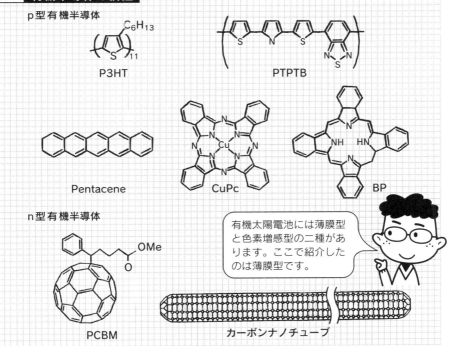

有機太陽電池には薄膜型と色素増感型の二種があります。ここで紹介したのは薄膜型です。

ポイント
- 有機太陽電池は有機物半導体を用いた汎用電池である。
- 製造が容易でコストが安く、そのうえ軽くて柔軟性がある。
- 性能はシリコンに劣るが付加価値が高いので競争力がある。

〔参考文献〕

ボルハルト・ショアー現代有機化学　第6版（上下）
　　K.P.C.Vollhardt, N.E.Schore 著　古賀憲司他訳　化学同人（2011）
構造有機化学　齋藤勝裕　三共出版（1999）
超分子化学の基礎　齋藤勝裕　化学同人（2001）
目で見る機能性有機化学　講談社（2002）
絶対わかる有機化学　齋藤勝裕　講談社（2003）
絶対わかる有機化学の基礎知識　齋藤勝裕　講談社（2005）
マンガでわかる有機化学　齋藤勝裕　SBクリエイティブ（2009）
知っておきたい有機化合物の働き　齋藤勝裕　SBクリエイティブ（2011）
生きて動いている「有機化学」がわかる　齋藤勝裕　ベレ出版（2015）

【著者紹介】

齋藤　勝裕（さいとう　かつひろ）

1945年生まれ。1974年東北大学大学院理学研究科化学専攻博士課程修了。
現在は愛知学院大学客員教授、中京大学非常勤講師、名古屋工業大学名誉教授などを兼務。
理学博士。専門分野は有機化学、物理化学、光化学、超分子化学。
著書は「絶対わかる化学シリーズ」全18冊（講談社）、
「わかる化学シリーズ」全14冊（オーム社）、『レアメタルのふしぎ』『マンガでわかる有機化学』『マンガでわかる元素118』（以上、SBクリエイティブ）、
『生きて動いている「化学」がわかる』『元素がわかると化学がわかる』（以上、ベレ出版）、『すごい！iPS細胞』（日本実業出版社）、『数学フリーの「物理化学」』、『数学フリーの「化学結合」』（以上、日刊工業新聞社）など多数。

数学フリーの「有機化学」　　NDC 437

2016年11月22日　初版1刷発行　　（定価はカバーに表示してあります）

　　　　　　　Ⓒ　著　者　齋藤　勝裕
　　　　　　　　　発行者　井水　治博
　　　　　　　　　発行所　日刊工業新聞社
　　　　　　　　　　　　　〒103-8548
　　　　　　　　　　　　　東京都中央区日本橋小網町 14-1
　　　　　　　　　電　話　書籍編集部　03（5644）7490
　　　　　　　　　　　　　販売・管理部　03（5644）7410
　　　　　　　　　ＦＡＸ　03（5644）7400
　　　　　　　　　振替口座　00190-2-186076
　　　　　　　　　ＵＲＬ　http://pub.nikkan.co.jp/
　　　　　　　　　e-mail　info@media.nikkan.co.jp
　　　　　　　　　印刷・製本　美研プリンティング㈱

落丁・乱丁本はお取り替えいたします。　　2016 Printied in Japan
ISBN978-4-526-07629-9　C3043

本書の無断複写は、著作権法上での例外を除き、禁じられています。